お茶を楽しむ

茶席の和菓子帖

武者小路千家十四代家元夫人
千 和加子／監修

世界文化社

和菓子は繊細な日本文化の象徴

千 和加子
武者小路千家十四代家元夫人

先日、ふと見た新聞の一面に大きく見出しで「ぷるふわスイーツ、あなたはどっち派?」とあり、日本人のお菓子の嗜好を尋ねていました。初夏を迎える時節柄、洋菓子のババロアやゼリーの事でしたが、日本人のお菓子一般の好みをよくあらわしていると思いました。

或る人が、海外に和菓子の魅力を知ってもらうために、フランスの著名なパティシエに数種渾身の和菓子を試食して貰ったそうです。そのとき、かのパティシエは「とても美しく芸術作品をみている様だ。ただ柔らかではあるが、構成力に乏しいように感じる。自分達のお菓子は柔らかさもある一方で、歯ざわり等の食感や香りといったハーモニーを求める」と、試食後の感想を

述べたそうです。このように海外の方の中には、甘い豆類でできた日本の菓子をただ柔らかいだけと感じ、好まない人もいるというのも事実です。

日本人が美味しいと思うお菓子は、柔らかさ、しっとり感、食べやすい事がまずあり、その上で見た目の美しさや季節感を求めます。これはお茶席で懐紙や皿にのせ、黒文字等で頂く事の理に適っています。香りも大事ですが、あくまでお茶の香りを引き立たせる事に留まります。茶席の菓子の背景には豊かな自然と、その自然を尊び、感謝し、それを大切に生かす文化があります。小さな菓子に込められた物語や歴史を連想し、味わいはさらに深まります。和菓子は餡子と砂糖で出来ていると言っても過言ではありません（もちろん小豆を中心とした各種豆類、糖類、穀物、野菜、果実、木の実等もあっての事ですが）。このシンプルな素材だけで、かくも美しく多彩な表現が出来るのは日本独自の感性の賜物ではないでしょうか？

世界は移り変わり、様々な交流がある今、このきめ細かな日本文化はどう工夫され広がっていくのでしょうか？　興味は尽きません。

目次

本書の使い方

●本書は実際に使う場合を考えて、和菓子を「はる」「なつ」「あき」「ふゆ」の季節順に掲載しています。菓子によっては季節限定のものもあれば、本書では特定の季節に掲載しつつも一年を通じてつくられているものもあります。

●見出しの項目名については、歳時「初春」「節分」「雛祭」、自然事象「椿」「鶯」「下萌え」、行事「利休忌」「祇園祭」、特徴的な菓子「桜餅」「水羊羹」など、茶席の趣向のヒントとなりやすい要素を取り上げています。

●各菓子の解説後にあるデータは、入手の際に参考にしていただく情報で、左記のような概要となります。

○本店以外で該当菓子が入手できるところがある場合、**直**は直売店・支店等、**売**は空港・ホテル・駅等での売店、**デ**はデパートへの出店を表します。＊のついているものは不定期あるいは曜日によりデパートに出される商品を表します。**要予約**は予約が必要なことを表します。**要予約**の下の数字は、その個数以上の場合のみ予約が必要なことを表します。

○**送可**は宅送が可能なことを表します。

○注文方法は**TEL**は電話、**FAX**は「ＦＡＸ」、**IN**はインターネットでの注文を表します。店頭での購入・注文については記載していません。

○**通**は通年の商品、**季**は季節限定の商品を表します。**季**の下の数字は販売月を表します。＊のついているものは年により製造や販売時期が不定のものなどを表します。

＊記事の一部は『お茶のおけいこ5　茶席で話題の銘菓』（二〇〇一年）から流用し、再編集しました。

一、はるの章

初春《はつはる》

新年を寿ぐ、正月の初釜《はつがま》。茶席の趣向は吉祥《きっしょう》につながるものが歓迎される

めでたいことが千代に八千代に続くことを願った銘。一本の糸が長く細く続くかのような意匠もめでたい。紅白のやさしく晴れやかなすがたは、いかにも初春の茶席の主《おも》菓子にふさわしい。

　地元特産の伊勢芋を使った練薯蕷《ねりじょうよ》餡がこの店の特徴で、しっとりとした独特の食感の紅白の練薯蕷を細長く絞り出して、白餡に巻きつけている。

要予約 **TEL** **FAX** **IN** **季** 10/中〜4/末

器・呉須赤絵福字鉢《ごすあかえふくのじばち》　松本雙軒庵旧蔵

千代《ちよ》の糸《いと》

松華堂製

若菜饅頭《わかなまんじゅう》

花乃舎製

小ぶりで腰高の薯蕷饅頭で、中の赤い餡は意想外。蒸し直してあつあつをお出しすると、時季的にも喜ばれる。

デ 要予約 10 送可 TEL FAX 季 12/15〜1/31

器・有隣斎《うりんさい》好 膳所焼饅頭蒸器《ぜぜやきまんじゅうむしき》
片木《へぎ》

蓬萊山《ほうらいさん》

京都鶴屋製

蓬萊山は中国の神仙《しんせん》思想で説く仙境を意味し、不老不死の地とされた。饅頭生地で小饅頭と餡を巻き込んで棹物《さおもの》に仕立てている。子持ち饅頭とも呼ばれ、婚礼や出産の祝いにも喜ばれる。

要予約 5 TEL FAX 通

器・真塗高杯《しんぬりたかつき》

ときわ木は、小豆の風味が生きる半生《はんなま》の銘菓である。常盤《ときわ》木《ぎ》は常緑の意で、永久の繁栄を意味する。紅白の菓子との二種で正月の干菓子にすると、格調の高い取り合わせとなる。舞鶴は現在、製造を休止しているが、取り合わせの参考になればと思う次第である。

ときわ木

売 デ 送 可 TEL FAX IN 通

器・愈好斎《ゆうこうさい》好　杉錫縁五角盆《すぎすずぶちごかくぼん》
一瀬小兵衛造

花氷《はなごおり》 松葉《まつば》

とし田製

花氷という銘はいかにも新春らしい響きで、紅白のめでたい取り合わせも初春の干菓子としてふさわしい。花氷の紅白二種としてもよいのだが、ここではさらに洲浜《すはま》の松葉を添えて、めでたい気分を強調している。

花氷は寒天《かんてん》を煮詰めた寒天だねに色づけしたもので、口に含んだときの舌触りがよく、ほのかな甘みも薄茶に合う。

要予約 送可 TEL FAX 通

器・唐物《からもの》独楽《こま》盆《ぼん》

初釜 はつがま

茶家《ちゃけ》の正月行事といえば「初釜」で、一年のなかで最も華やかな雰囲気に包まれる行事となっている。本来は年の初めに家元が門弟を一堂に集め、新たな年の精進を約し合うのがその目的であり、「稽古始め」「点初《たてぞめ》」などと呼ばれてきた。武者小路千家では古式どおりに「点初」と称し、京都と東京稽古場で家元自らが点茶して、茶をふるまう。

床　近衛信尋 和歌懐紙
「春日詠亀万年友和歌《しゅんじつかめまんねんのともをよめるわか》」
花入　砂張《さはり》銅手付　浄益造
花　牡丹
青竹尺八　正玄造
綰柳《わんりゅう》・紅白椿
香合　仁清写琵琶《びわ》　即全造
釜　東山御物《ひがしやまごもつ》写宝珠《ほうじゅ》　五郎左衛門造
炉縁　愈好斎《ゆこうさい》好　柳桜蒔絵　宗哲造
風炉先　青竹結界《けっかい》
皆具　愈好斎好 法隆寺唐草文様 桐山造
棚　竹台子《だいす》 市郎兵衛造
火箸　笹頭《ささがしら》
茶入　利休瀬戸　銘「白雲」直斎箱
茶器　愈好斎好 草絵 甲裏に明烏《あけがらす》　宗哲造
茶碗　真伯《しんぱく》手造 赤 銘「箙《えびら》」
茶杓　一啜斎《いっとつさい》作 共筒 銘「楪《ゆずりは》」

干菓子
干支煎餅《えとせんべい》
千代結《ちよむす》び
亀屋伊織製

主菓子
都《みやこ》の春《はる》
とらや製

都の春
求肥《ぎゅうひ》でこし餡を包んで緑と紅のそぼろを着せ、柳と桜に見立てて京の春を表現している。同時季に似たきんとんが販売されるが、「都の春」は武者小路千家の好みである。

※この菓子は武者小路千家家元の留菓子《とめがし》(特別注文品)です。

器・愈好斎《ゆこうさい》好　雲錦絵《うんきんえ》若菜桶《わかなおけ》

干支煎餅・千代結び
初釜の干菓子はいくつかの組み合わせがあるが、家元の薄茶席では、味噌餡を挟んだ干支煎餅と有平《あるへい》の千代結びを用いるのが恒例で、器もこの取り合わせを踏襲している。

要予約 **TEL** **季**

器・有隣斎《うりんさい》好　青漆爪紅青海盆《せいしつつまぐれせいがいぼん》

梅《うめ》

「百花の魁《さきがけ》」といわれ、茶席では正月ごろから用い、菓子の意匠にも登場する

雪中梅《せっちゅうばい》

岬屋製

寒中に咲く紅梅に雪が降り積もる風情を、一輪の梅で象徴している。凛とした梅のすがたは、桜と対比して香りも愛でられる。栗羊羹仕立ての芯を、薄紅に染めた白餡で包み、梅形に整えて、上にやまかわをたっぷりとかけている。まさに新春にふさわしい菓子。

要予約 20 TEL 季 1～2

月ヶ瀬《つきがせ》

京都 鶴屋製

頂部に一筋走る白と薄紅の茶《ちゃ》巾絞《きんしぼ》りは、奈良県月ヶ瀬の名張川と川沿いの梅の名所を表している。武者小路千家では梅の時期に重用する菓子。

要予約 10 TEL FAX 季 2～3

器・千字盆《せんのじぼん》

蠟梅

ろうばい

蠟のように透ける黄花と馥郁《ふくいく》とした香り。蠟梅もまた新年を寿ぐ花である

蠟梅《ろうばい》

鍵善良房製

初春を告げる花のひとつである蠟梅のすがたをきんとんに写したものである。透明感のある独特の花びらと茶色の萼を持つ蠟梅の特徴を、黄色のそぼろ餡とその間に配置した小豆で巧みに表現している。中には小豆のつぶ餡が入っている。

直旬季 1/中〜2/中

器・真塗縁高《しんぬりふちだか》

鶯《うぐいす》

梅花が咲き初めるころ、初鳴きをする鶯は「春告鳥」、その鳴き声は「初音」とも

鶯餅《うぐいすもち》

出町ふたば製

薄緑色の餅に、小豆のつぶ餡をたっぷりと包む。餅を丸めるときに、軽く指で押さえて窪みをつけた餅のかたちを、鶯に見立てるのもこの菓子の面白さである。きな粉の香りもさわやかさを添える気取らない春の菓子である。

要予約 TEL 季

器・高麗《こうらい》三島《みしま》暦《こよみ》手鉢《ではち》

下萌え

したもえ

草の芽が地上に萌え出ることで、「草萌え」とも。春の大地の胎動である

若菜《わかな》

吉はし製

よもぎ餡を中花種で包んだ菓子。中花とは、小麦粉、卵、砂糖などを合わせて焼いたどら焼きのようなもの。茶色の皮の中から覗く薄緑色の餡が下萌えのさまを表している。

要予約 10 **送可** **TEL** **FAX** **季** 3

器・桃山陶版《ももやまとうばん》 美濃古窯大萱《みのこようおおがや》

若草《わかくさ》

彩雲堂製

松平不昧公《まつだいらふまい》が好んだ菓子として知られる。「曇るぞよ雨降らぬうちに摘みてむ栂尾山の春の若草」の和歌が銘の由来。拍子木形の求肥《ぎゅうひ》を芯に若草色の寒梅粉《かんばいこ》をまぶしている。

直売 **デ** **送可** **TEL** **FAX** **IN** **通**

器・唐物内朱四方盆《からものうちしゅよほうぼん》

節分

せつぶん

立春前日、鰯《いわし》の頭を柊《ひいらぎ》の枝に刺して戸口へ差し、豆を撒き除災招福を祈願する

厄払《やくばら》い

京都鶴屋製

昔の一升枡《いっしょうます》の鉄枠には鉄の斜《はす》交《かい》が入っていたが、その形を模した菓子。豆まきの枡と見せるだけで、「厄払い」を示しており、まるで禅の公案《こうあん》のように頓智の利いた命名である。外は洲浜《すはま》製で、中には炒り豆にちなみ、きな粉を混ぜた白餡が入っている。

要予約 10 **TEL** **FAX** **季** 1/下〜2/3

器・一閑《いっかん》四方《よほう》角切食籠《すみきりじきろう》

法《ほ》螺《ら》貝《がい》餅《もち》

柏屋光貞製

節分の日にだけ、つくられる特別な菓子である。厄を払う行者の宝具のひとつである法螺貝の形をあらわすため、霊験あらたかな菓子として人気が高い。小麦粉を水で溶いた生地を平鍋でクレープ状に焼き、牛蒡《ごぼう》を貝の吹き口に配し、味噌餡を芯にして巻きつけ、法螺貝状に仕上げている。

要予約 TEL FAX 季 2/3

器・利休形朱高杯《りきゅうがたしゅたかつき》　宗哲造

椿《つばき》

万葉の昔から和歌にも数々詠まれてきた花。ヤブツバキをはじめ種類も多い

椿餅《つばきもち》

とらや製

「つばいもちひ」などとも呼ばれ、平安時代にまで起源をさかのぼる歴史ある菓子のひとつ。道明寺《どうみょうじ》を椿の葉で挟む。とらやの椿餅は、煎った道明寺粉に肉桂《にっけい》を混ぜて蒸した生地で、こし餡を包んでおり、肉桂の独特の香ばしさを特徴としている。

要予約 TEL ＊

糊《のり》こぼし

萬々堂通則製

奈良東大寺二月堂のお水取りの法会を荘厳《しょうごん》する造花を模したもの。僧侶たちが修法の一環としてつくる清らかな紙の花のすがたを、紅白の練切りと黄身餡で表している。

要予約 送可 TEL FAX 季 2〜3

器・千字盆《せんじぼん》

玉椿《たまつばき》

伊勢屋本店製

黄身餡を薄紅の求肥《ぎゅうひ》で包んだもので、餡を花芯、求肥を花弁に見立てている。風味よく茶の味にもよく合い、できたてのものは口の中で溶けるようななめらかな食感が絶妙である。姫路の銘菓として茶人の間でも広く知られる。

直売デ送可TEL通

器・真塗《しんぬり》四《よ》方《ほう》銘々皿《めいめいざら》

利休忌《りきゅうき》

陰暦二月二十八日は千利休居士の忌日。
追善《ついぜん》の茶会が茶道各流派で行われる

利休饅《りきゅうまん》 朧仕立《おぼろじた》て

とらや製

武者小路千家では、利休忌の主菓子にとらや製の茶色いおぼろ饅頭を用いるのが慣例となっている。小麦粉饅頭の表面の薄皮を剝がしておぼろ状にしたもので、侘びた風情を持ちつつも、追善の席にふさわしい格調高い菓子である。

※この菓子は武者小路千家家元の留菓子（特別注文品）です。

器・朱銘々皿《しゅめいめいざら》　角偉三郎作

菜の花

なのはな

茶席では菜の花は利休忌までは使わないのが通例で、菓子も同様と考える

菜種《なたね》の里《さと》

三英堂製

目の覚めるような黄色の落雁《らくがん》に白い炒り米を散らし、菜の花畑に白蝶が舞うさまを表す。松平《まつだいら》不昧《ふまい》公が好まれて命名し「寿々菜さく野辺の朝風そよ吹けはとひかふ蝶の袖そかすそふ」の歌を下されたという。しっとりとした感じが身上で、盛るときは切らずに、手でざっくりと割ると趣が出る。

売デ送可TELFAX通

器・一指斎《いっしさい》好　菱盆《ひしぼん》

菜花糖《さいかとう》

大黒屋製

炒った糯米《もちごめ》に地元産の柚子《ゆず》の皮で香味をつけ、砂糖をまぶしたもの。江戸中期の創製で、旧鯖江藩主の茶会用の菓子としても重用されたという。

デ送可TELFAXIN通

器・有隣斎《うりんさい》好　花絵溜塗《はなのえためぬり》ヤンポ

雛祭

ひなまつり

五節句のひとつ、三月三日の上巳《じょうし》の節句。
平安時代の上巳の祓が起源とも

引《ひ》千《ち》切《ぎり》

聚洸製

宮中行事の上巳の節句で、引きちぎったかたちの餅の上に丸餅を重ねた「戴《いただ》き餅」に由来する菓子である。薄桃色に染めた練切りの上にはこし餡と薯蕷《じょうよ》餡のきんとんを、よもぎ入り練切りにはつぶ餡と薯蕷餡のきんとんを、それぞれ載せている。

要予約 **TEL** **季** 3/3

器・愈好斎《ゆこうさい》好　今戸焼《いまどやき》菓子器《かしき》

三段《さんだん》の色紙《しきし》

川口屋製

二色のカルカンと備中白小豆のつぶ餡を重ねたふんわりとやわらかな菓子。色の重なりだけで季節を表現するのも茶席にふさわしく、雛祭が終わると同じ意匠で「春の野」と銘が変わる。

デ ＊ **要予約** **送可** **TEL** **季** 2/20〜3/中

器・織部鉢《おりべばち》

雛菓子《ひながし》

京都鶴屋製

雛菓子の嬉しいところは、すがたの可愛らしさもさることながら、小さいので一種だけでなく、三種くらいはいただけることである。奥から桃の花きんとん、草餅、西王母《せいおうぼ》、菜の花きんとん。色とりどりの節句の菓子である。

要予約 TEL FAX 季 3/2～3/3

器・愈好斎《ゆこうさい》好　蔦絵高坏《つたのえたかつき》　永樂即全造

雛井籠《ひなせいろう》

とらや製

かつてとらやは宮中などの御用先へは井籠という容器で菓子を納めており、これは雛菓子専用のものを化粧箱で模している。薯蕷《じょうよ》饅頭、煉切製、干菓子など、一段から求められ、組み合わせも可能。

要予約 TEL ＊

花見 はなみ

満開の桜は茶の興趣をことの外誘う。このような季節には、洋間などで外の花を愛でつつ椅子に腰掛け寛いだ一服もまた良い。

天遊卓《てんゆうじょく》は家元後嗣の随縁《ずいえん》斎《さい》が、暮らしの中でのお茶のあり方を思い、創案した「茶机」。茶事から薄茶一服まで幅広く対応できる。

春光の差し込む部屋で、近現代作家の道具中心に干菓子で薄茶一服を喫する、軽やかな取り合わせである。

薄氷《うすごおり》 ひとひら

五郎丸屋製

薄い煎餅に和三盆《わさんぼん》を塗った干菓子で、口の中に入れると氷のように溶ける。割れた氷のすがたを模した定番の薄氷のほか、風味やかたちを凝らした季節のものがあり、ここでは春の薄紅の花びらを表した「ひとひら」を合わせている。

売デ送可TEL FAX IN通

器・砂張写《さはりうつし》 南鐐《なんりょう》 初代一望斎造

床　坂口鶴代《さかぐちつるよ》
「景」２００４
釜　霰地紋瓢形《あられじもんひょうがた》　定林造
水指　白磁輪花口《りんかぐち》
川瀬竹志造
棚　隨縁斎好《ずいえんさいごのみ》　天遊卓《てんゆうじょく》
茶器　愈好斎好《ゆこうさいごのみ》
朱雪吹落花の絵《しゅふぶき》
三砂良哉造　服部間雲絵
茶碗　朝日焼
銘「水香《すいこう》」松林豊斎造
茶杓　有隣斎作《うりんさい》
一翁作　昔男《むかしおとこ》写し
銘「都鳥」
蓋置　南鐐《なんりょう》　波透かし
建水　砂張《さはり》

桜

さくら

茶席の花では多用しないが、風流な異名を多く持ち、菓子としては喜ばれる

手《て》まり桜《ざくら》

鶴屋八幡製

紅のういろう生地で白餡を包み、桜の花弁を着せて、その名のとおり手まり形に仕上げている。具象と抽象のあいまったデザイン、見ているだけで楽しくなるような愛らしさで桜を表現している。

直 デ 要予約 10 TEL FAX 季 *

器・愈好斎《ゆこうさい》好　溜塗内黒盆《ためぬりうちくろぼん》

花筏《はないかだ》

さゝま製

花筏とは、桜の花が散って花びらが水面に流れ続くさまを筏に見立てていう。桜の散るすがたにも季節の移ろいを感じ、風情を見出してきたいにしえ人たちの趣ある表現のひとつである。この菓子では、つぶし餡をきんとんのような「しぐれ」で巻いて川面の流れを、その上に花びらを一枚添えることで、花筏を表している。

TEL 季 3/25〜4/24

八重霞《やえがすみ》

とらや製

春の野の花々が霞に煙るさまを淡い緑、紅、黄の三色の層で表す。これほどに抽象化されていてもなお春霞に包まれた花の野をイメージさせるのが和菓子の真骨頂といえよう。

要予約 TEL ＊

器・千字盆《せんのじぼん》

桜餅

さくらもち

塩漬けの桜葉で餅を包むが、関東は小麦粉の皮製、関西は道明寺《どうみょうじ》製が主流

嵐山《あらしやま》さ久《く》ら餅《もち》

鶴屋壽製

関西に多い道明寺《どうみょうじ》製の桜餅で、薄紅色をつけずに道明寺の自然の色に仕上げ、うっすらとこし餡がのぞくさまは品格を感じさせる。道明寺製の桜餅は古い菓子の形を残す椿餅と材料や製法が同じことから、関西では桜餅のはじめは道明寺製とする気風が強い。

デ 送 可 TEL FAX IN 通

器・青磁皿《せいじざら》 福森雅武作、朱塗椿皿《しゅぬりつばきざら》

長《ちょう》命《めい》寺《じ》桜《さくら》もち

長命寺桜もち製

桜餅発祥の地とされる東京向島長命寺門前で桜餅一筋できた店の桜餅。由緒書きには、創業享保二年（一七一七）とある。小麦粉を水で溶いた種を鉄板で薄く焼き、こし餡を包んで二つ折りにして桜の葉で包んでいる。

要予約 TEL 通

器・古染付《こそめつけ》波千鳥《なみちどり》絵皿《えさら》、黄瀬戸《きせと》菊皿《きくざら》

桜《さく》麩《ら》饅頭《まんじゅう》

麩嘉製

桜の季節だけにつくられるもので、薄紅に染めた生麩《なまふ》玉の中に柚《ゆ》子《ず》味噌とこし餡を合わせたものを包み入れ、桜の葉で包んでいる。

直 要予約 送可 TEL FAX 季 3/後〜4/中

器・朱塗銘々皿《しゅぬりめいめいざら》 角偉三郎作

花見団子《はなみだんご》

花より団子のたとえのごとく、桜の季節には楽しみにされる春の菓子である

花見団子《はなみだんご》

塩芳軒製

この店では、三色団子の紅にういろう製、緑にこなし製、餡に薯蕷餡の素材を用いる。花見団子の色はそれぞれ「花、草、大地」を表すともいわれるが、先代の澄子夫人は「天、地、人」を示すといい、天の薄紅を少し離して盛りつけたものである。

要予約 10 **送可** **TEL** **FAX** **季** 3～4

器・古《こ》染付《そめつけ》双龍《そうりゅう》文《もん》銘々皿《めいめいざら》

蕨

わらび

代表的な春の山野草のひとつ。根茎からは良質の澱粉が採れ、菓子にも用いる

蕨餅《わらびもち》

芳光製

蕨粉を練り上げ、こし餡を包み、きな粉をまぶす。通年味わえる菓子だが、やはり陽春、四月ごろに気分は呼応する。この店の蕨餅はやわらかさ、なめらかさが抜群である。

デ ＊ 要予約 TEL 季10〜6

器・不徹斎《ふてつさい》好　溜塗銘々皿《ためぬりめいめいざら》　川端近左造

稚児桜《ちござくら》 蕨《わらび》

亀屋伊織製

有《ある》平《へい》糖の稚児桜と洲浜《すはま》製の早蕨という春の干菓子の取り合わせである。琳派風の春の草を描いた硯蓋《すずりぶた》に盛ってみた。器の絵柄も一体として盛りつけるのも面白いものである。

要予約 TEL 季

器・琳派《りんぱ》春草蒔絵《はるくさまきえ》硯蓋《すずりぶた》

山吹

やまぶき

晩春から初夏にかけて黄色い花をつける。緑色の茎の芯は灯芯として用いる

玉川《たまがわ》の水《みず》

鶴屋八幡製

玉川は六か所にあるため六玉《むたま》川《がわ》と称し、能や邦楽などの題材とされてきた。そのうち京都山城の井手の玉川は、奈良時代から山吹の名所として知られる。黄身餡と白い薯蕷《じょうよ》地の渦でその流れを表現する。

直デ 要予約10 TEL FAX 季 ＊

器・三島暦《みしまごよみ》手鉢《てはち》

躑躅

つつじ

晩春から初夏にかけ多彩に咲く。岩根《いわね》に咲く躑躅は菓子の意匠として好まれる

深山《みやま》つつじ

太市製

二層の浮島《うきしま》製、緑と紅の色彩で深山に咲く躑躅の花を抽象表現で表す。浮島地は卵の黄身だけを加えて蒸すため食感がしっとりとしている。

要予約80 TEL FAX 季5〜6

器・根来足付盆《ねごろあしつきぼん》

藤《ふじ》

晩春から初夏にかけ、山野に自生するつる性潅木だが、藤棚などの名所も多い

白藤《しらふじ》

川村屋製

こし餡を道明寺《どうみょうじ》の混ざった羽《は》二重《ぶたえ》餅《もち》で包み、表面に氷餅をまぶし、藤花の焼印を押す。その名のとおり、白い藤を表す菓子だが、餅に混ざった道明寺のつぶつぶが独特の食感で、一見シンプルながら味わいの深い菓子である。

要予約 TEL

器・高麗青磁鉢《こうらいせいじばち》

もっと干菓子を使いこなす

主菓子の場合、心入れの菓子や注文品などを目にすることは多い。一方で干菓子となると定番が多く、季節によって工夫された新しいものにも注目したい。洒落た干菓子こそ、さわやかな風を席中にもたらすものである。移ろう季節とともに話題となりそうな干菓子をいくつか集めてみた。

桜《さくら》ー蕨《わらび》ー蕗《ふき》の薹《とう》ー筍《たけのこ》

藤丸製

春野の生命の芽吹きが、さまざまな植物のかたちを通して表現されている。桜は半生《はんなま》、蕨は押し物製、蕗の薹は本物の蕗の薹が混ぜ込んだ半生菓子、筍も本物の筍を加工した野菜菓子。色や形もさることながら、この店の干菓子はそれぞれに食感が異なり、創意工夫を感じさせられるものが多い。

要予約 送可 TEL 季

器・銀彩陶板《ぎんさいとうばん》　安藤雅信作

まめまめ

大極殿本舗製

洲浜《すはま》製の豆は、干菓子の定番としてほかでも見かける。しかし、この店のものはそら豆の粉で仕上げたもので、その香りを強く感じる。大きさも程よく軽やかで薄茶に合い、自然な色合いながらくっきりとした形も愛らしい。

直 デ 送可 TEL FAX 季 9～6

器・古瀬戸《こせと》素焼《すやき》小皿《こざら》

みずのいろ

つちや製

干錦玉《ほしきんぎょく》を極力薄く仕上げ、水滴のような形を表している。五種の色と異なるハーブ味を揃えている。みずのいろの名は、無色透明な水が映し出す日本の自然の風景を表しているといい、たとえば赤は「湖面に映った紅葉」とあり、ハイビスカスとローズヒップで味つけされている。ここでは紹介できないが、パッケージも斬新である。

要予約 **TEL** **FAX** **IN** **通**

器・鉄錆皿《てつさびざら》　長谷川まみ作

ひしきりこ

林盛堂本店製

石臼で挽いた小豆の粉を用いた素朴な菓子。小豆の香り、半生《はんなま》のしっとりとした食感が特徴である。表面に幾何学文様の押しがあり、それがガラス（切子《きりこ》）の文様に似ていることからこの名がついたという。もとは正方形だが、茶席では半分に切ってお出ししている。菓子の色が抑え気味なので、個性的な器との取り合わせも楽しい。

直 要予約 送可 TEL FAX 通

器・唐物七宝菓子鉢《からものしっぽうかしばち》

千 和加子さんのワンポイントアドバイス

和菓子をより楽しむために

胡蝶　鶴屋吉信製、器・色絵額皿　加守田章二作

「夢」「蝶々」は、偲ぶ会などにも

お茶席を設える時は何かしら「テーマ」と申しますか、その席をする由縁が存在します。大体は春や秋等季節を意識したものとか、「口切り」「初釜」、そして何かの御祝いを記念したものとなりますが、あと一つ多く催されるのが故人を偲ぶ席です。一周忌や三回忌等身近な方のもあれば、「利休忌」をはじめ、お茶の歴史で名のある先達由縁の会も度々開かれます。そういう会でよく使われるのが、「夢」に関係するもの、また「蝶々」の意匠です。

これは古の中国の荘子という方が詠んだ詩に由来します。荘子がある日見た夢の中で蝶がひらひら飛び、いつの間にか荘子自身が蝶になり、渾然と区別がつかなくなったというものです。実体の無さが人生のはかなさに繋がり「夢」イコール「追善」となったのです。現代の感覚では「夢」はドリームと同意語であり、希望や目標を表わす意味合いを持っています。しかし、お茶の世界では古来の云い伝えを大切にし、又後世に伝えていく事も大事な文化です。

追善のための代表的な道具に「荘子香合」という染付形物香合がありますが、これは蝶を描いた四方の焼きもので花紋もあしらわれています。また「夢」という字は追善の席で床の間の掛物に使われたり、茶家の家元が霊前に追贈したりする事で知られます。茶席ではくれぐれも「夢」や「蝶々」はそれを御留意されます様に。

二、なつの章

初風炉 しょぶろ

五月になると、茶室の炉をふさぎ、風炉《ふろ》の季節に入る。秋の口切《くちきり》は茶の正月といわれるが、初風炉もまた風炉の季節の初めにあたり、それまでとは茶席のしつらえも趣も一新して行われる正則の茶事である。格のある道具類を取り合わせながらも、向夏のさわやかさを随所に感じさせる。

　初風炉の菓子は初夏らしい爽快感を感じさせるもの、季節の趣を表すものを選ぶ。

床　江月宗玩《こうげつそうがん》筆一行「知音自有松風和《ちいんおのずからありてしょうふうにわす》」
花入　砧青磁浮牡丹文《きぬたせいじうきぼたんもん》
花　熊谷草
釜　真形《しんなり》切合せ
風炉　唐銅《からかね》　朝鮮
水指　木地釣瓶《つるべ》
棚　有楽《うらく》好　台目《だいめ》
茶入　古薩摩文琳《ぶんりん》　銘「青山《せいざん》」
袋　紺地唐草緞子《どんす》
茶碗　井戸小貫入《こがんにゅう》　銘「五月雨《さみだれ》」
　平瀬家伝来
茶杓　松花堂昭乗作
　共筒　銘「ほととぎす」佐久間将監所持
蓋置　青竹
建水　南蛮《なんばん》砂張平《さはりひら》

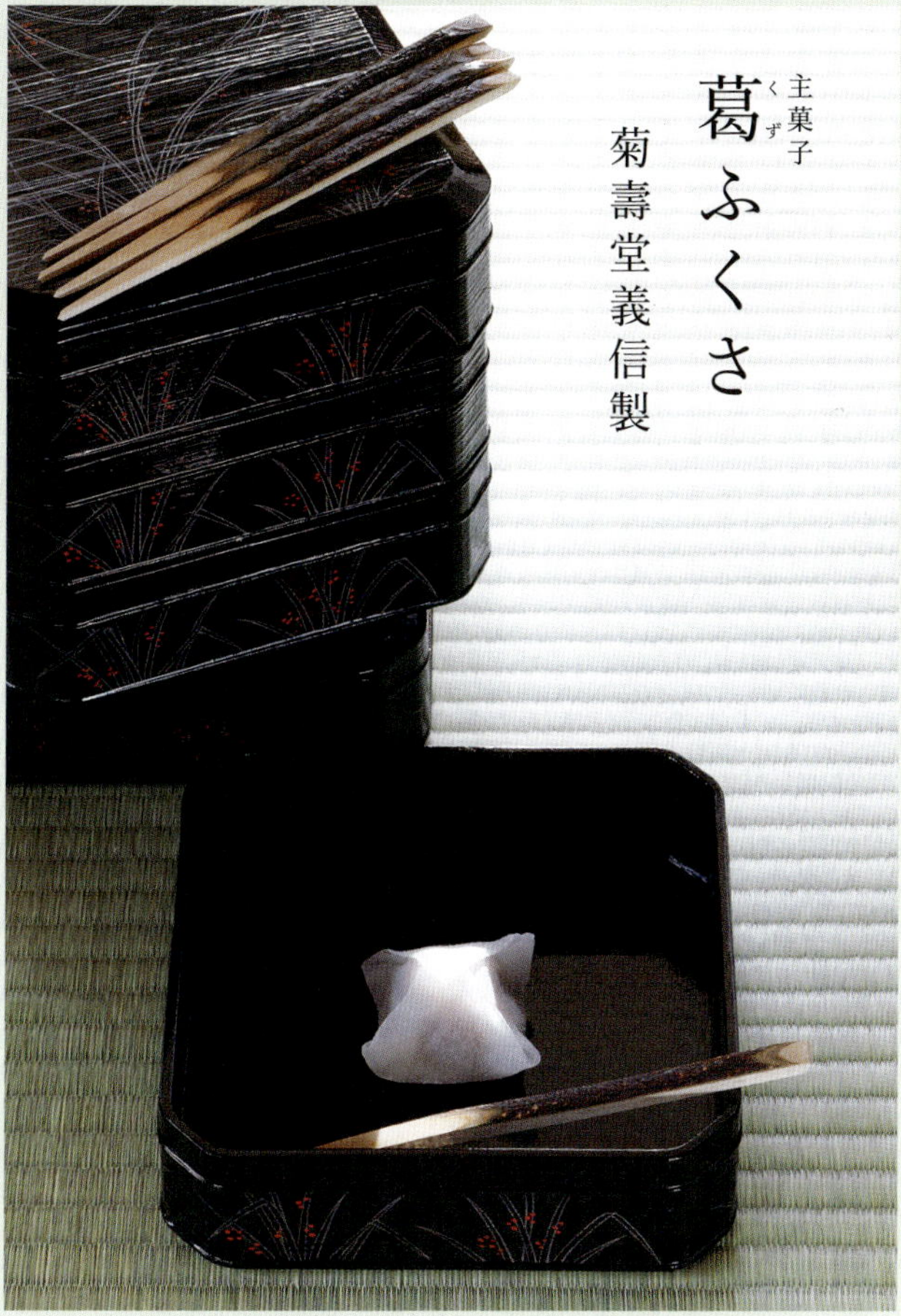

主菓子

葛《くず》ふくさ

菊壽堂義信製

袱紗《ふくさ》包みのすがたはゆかしく、やさしい風情である。丹波の大納言小豆のつぶ餡を葛で包んだシンプルなつくりだが、やわらかく、なめらかな葛が、口中でほどけ、極上の餡と相和する深い味わいである。黒塗りの縁高《ふちだか》との映りもさわやか。

デ * 要予約 2 TEL FAX 季 5～9

器・愈好斎《ゆこうさい》好 一閑銀絵吉祥草縁高《いっかんぎんえきっしょうそうふちだか》

干菓子

さざれ石《いし》

松屋藤兵衛製

「さざれ」は「細れ」と書き、小さいことを意味する。手づくりのほのかな肉桂《にっけい》の風味の砂糖菓子で、一つひとつのかたちが異なるのもよい。

要予約 送可 TEL 通

器・唐物内朱四方盆《からものうちしゅよほうぼん》

端午《たんご》

五節句のひとつ、五月五日の端午の節句。古くから邪気を払う風習がある

粽《ちまき》

川端道喜製

「御所粽《ごしょちまき》」として名高い道喜の粽。吉野葛《くず》でつくる水仙粽と、葛にこし餡を練りこんだ羊羹粽の二種があり、いずれも深い風味となめらかな喉ごしで他の追随を許さない。

デ ＊ 要予約 送可 TEL 季 2〜7、9〜12
器・白磁台皿《はくじだいざら》、白磁銘々皿《はくじめいめいざら》　黒田泰蔵作

柏餅《かしわもち》

出町ふたば製

しんこ製の餅で餡を包み、柏の葉で包む。木の葉を食器とした古いかたちを今に伝える。この店の柏餅は、こし餡と味噌餡などがあり、味噌餡は餅を薄紅に色づけしている。

TEL 季 4〜5
器・焼締片口《やきしめかたくち》　福森雅武作、片木《へぎ》

菖蒲

しょうぶ

杜若

かきつばた

サトイモ科の植物で、端午の節句の日は菖蒲湯に入り、厄を払う風習がある

唐衣《からごろも》

末富製

『伊勢物語』八橋《やつはし》の段、「から衣きつゝなれにしつましあればはるばるきぬるたびをしぞ思ふ」（在原業平）の歌にちなむ。中に「杜若」の語が潜む和歌を、白と紫に染めわけた求肥《ぎゅうひ》でこし餡を包んだ杜若のかたちで見事に表現している。

デ ＊ **要予約** **TEL** **FAX** **季** 5

器・天龍寺青磁鉢《てんりゅうじせいじばち》

牡丹

ぼたん

中国原産で奈良時代に伝来した。大輪の花は「花王」「花神」などと称される

水牡丹《みずぼたん》

越後屋若狭製

水牡丹は葛饅頭仕立ての場合が多いが、この水牡丹は、紅色の薯蕷《じょうよ》餡を錦玉《きんぎょく》で包んで茶《ちゃ》巾《きん》絞《しぼ》りにしている。瑞々しい牡丹の艶麗さを感じさせる。

直 **要予約** 5 **TEL** **季** ＊

器・伊万里染付葡萄絵皿《いまりそめつけぶどうえさら》

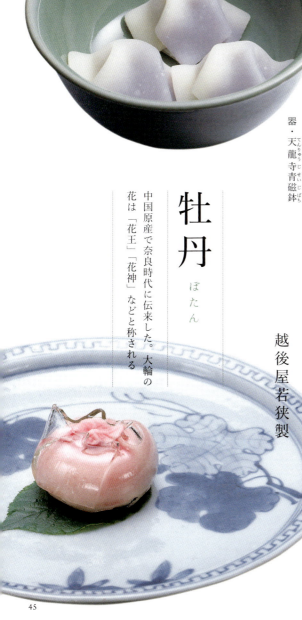

初鰹

はつがつお

青葉のころに回遊してくる鰹を称し、初夏の風物詩として好まれる

初《はつ》かつを

美濃忠本店製

葛《くず》製の蒸し羊羹で、もっちりとした舌触りとあっさりとした甘みが身上である。棹物《さおもの》の菓子だが切り分けると、薄紅色の切り口がまるで鰹の切り身の縞のように見え、銘の珍しさも相まって茶席の話題にもなり、この季節に喜ばれる菓子である。

直 デ 送 可 TEL FAX IN 季 2/10〜5/25

器・白磁《はくじ》足付皿《あしつきさら》 黒田泰蔵作

新緑

しんりょく

五月ごろ、野山のあらゆる植物が萌え出すその樹々の緑の若葉のこと

新《しん》千《ち》歳《とせ》の緑《みどり》

とらや製

緑色に染めた道明寺《どうみょうじ》生地と白小倉餡を重ね、渦巻状にした菓子。千年も変わらぬ松のめでたさを表現している。渦巻き状のこの意匠の菓子は色や餡の種類を変えてほかの季節にも登場する。

要予約 TEL ＊

器・金彩《きんさい》ガラス鉢《はち》　サン・ルイ社製

青梅

あおうめ

青葉が茂るころ、かたく締まる梅の実のすがたは大地の豊穣を感じさせる

青梅《あおうめ》

京華堂利保製

青梅のきりっと締まったかたちの良さと、あざやかな緑色の美しさを、そのまま菓子に写したもの。緑に染めたういろう地で白餡を包み、青い実梅を忠実に再現している。

要予約 10 **送可** **TEL** **FAX** **季** 5〜6

器・黒釉鍔六寸皿《こくゆうつばろくすんさら》　八木橋昇作

落とし文

おとしぶみ

オトシブミ科の昆虫が落とす葉を巻いた巣を、「落とし文」と風流に見立てる

落《おと》し文《ぶみ》

末富製

こなしを緑に染め、葉脈を見せてこし餡を巻きこみ、落とし文のかたちを表す。濃くならずぼやけずのこなし地の染め具合が絶妙、初夏らしい銘と色合いの菓子といえる。

要予約 10 **TEL** **FAX** **季** 5

器・根来角切四方盆《ねごろすみきりよほうぼん》

紫陽花《あじさい》

梅雨のころ、枝先に小花が密に集まって手まり状に咲き、菓子に好まれる意匠

紫陽花《あじさい》

俵屋吉富製

白餡を淡い青と紫に染め、白餡との三色を用いてきんとんに仕上げて、紫陽花の移ろう花色を表現する。きんとんの上に散らした錦玉《きんぎょく》は、紫陽花に宿る露のすがたである。

直 デ 要予約 TEL FAX IN 季6

器・伊豆石銘々皿《いずいしめいめいざら》
塚本誠二郎作

更衣《ころもがえ》

季節に応じて衣装や調度を替えること。歴史は古く、宮中の行事でもあった

薄衣《うすぎぬ》

京華堂利保製

薄絹を襲《かさ》ねた涼やかな夏の着物の風情である。白と薄緑の二枚のういろう地を重ね、葛《くず》で包んだ薄紅色のこし餡に巻いている。

要予約10 TEL FAX 季5

器・練上《ねりあ》げガラス銘々皿《めいめいざら》

夏衣《なつごろも》

鶴屋吉信製

寒天《かんてん》に道明寺《どうみょうじ》を混ぜた薄皮で、小豆のつぶ餡を巻いている。薄皮の間から、小豆の色が透けて、夏衣の涼しげな趣をよく表している。

要予約30 TEL 季＊

器・銀製縁盆《ぎんせいえんぼん》 井尾建二作

麦秋《ばくしゅう》

麦の収穫期にちなむ初夏の季語。黄金色に輝く麦畑もこの季節の風物詩である

御鎌餅《おかまもち》

大黒屋鎌餅本舗製

かつて麦刈りのころに農家でつくられていたともいわれ、黒糖の風味を加えたこし餡を求肥《ぎゅうひ》で包んでいる。そのかたちが鎌に似ることからこの名がある。薄い白木の片木《へぎ》に包んで売られており、その風情もまた好まれる。

デ ＊ 要予約 5 送可 TEL FAX 通

器・乾山写《けんざんうつし》麦穂《むぎのほ》絵《え》銘々皿《めいめいざら》　清水六兵衛作

氷室

ひむろ

かつて天然の氷を夏まで保存しておくために、山麓の日陰に氷を貯蔵したもの

京《きょう》氷《ひ》室《むろ》

柏屋光貞製

琥珀羹《こはくかん》を非定形の三角に切り分けて氷に見立てている。氷室の氷はかつて宮中に届けられたというが、添えられた生《き》砂糖製の青楓は氷室がある山麓の風情を彷彿とさせ、清涼感がいや増す。杉桶に入ったものは贈り物に喜ばれている。

要予約 TEL FAX 季 6〜8

器・白磁皿《はくじざら》 黒田泰蔵作

水《み》無《な》月《づき》

京華堂利保製

一年の半分が終わる六月三十日は夏越《なごし》の祓《はらえ》の日。京都では昔からこの日に水無月を食べ、厄を落とす習慣がある。分厚いういろう地に、煮小豆をのせて三角に切り氷を表す。小豆は魔除けの縁起物である。最近は葛《くず》製のものもあるが、本来は庶民的な味である。

要予約 5 TEL FAX 季 6/30

器・片木《へぎ》

夏の山《なつのやま》

夏山、夏峠、青峰、夏山路、五月山、梅雨の山などとともに、夏の季語である。

水仙《すいせん》 深山《みやま》の雪《ゆき》

とらや製

夏の高山をイメージした葛《くず》饅頭で、こし餡と白餡を染め分けにして、山肌と雪渓を表している。

要予約 **TEL** ＊

器・ヴェネチアンガラス小鉢

巌《いわお》の雫《しずく》

京華堂利保製

緑色の葛《くず》焼で、こし餡の代わりに白小豆の白餡を緑に染めている。その名のとおり、清流にある苔むした巌を思わせる意匠である。

要予約 10 **送可** **TEL** **FAX** **季** 5〜9

器・千字盆《せんのじぼん》

葛焼き

くずやき

こし餡と葛を混ぜ、表面を軽く焼いたもの。葛と餡の香りが身上である

葛焼《くずやき》

樫舎製

こし餡を葛で固めて焼いている。シンプルな菓子ほど素材の味の違いが出るが、この葛焼きはもっちりとした食感、口溶けの良さなどに、素材の吟味を感じさせるのである。

送 可 TEL 通

器・天啓《てんけい》赤絵《あかえ》網花文鉢《あみはなもんはち》

水《みず》

盛夏のご馳走は「涼」につきる。水に関する語が多出するのもその心の表れ

打《うち》水《みず》

とらや製

白餡のきんとんに、水に見立てた琥珀《こはく》糖を散らしている。いかにも打ち水のあとの清涼感を思わせる。葛《くず》を用いた水羊羹を芯にして、白餡のそぼろを着せてあり、琥珀糖がアクセントになっている。涼やかなガラスの器にも映える。

要予約 TEL ＊

器・ギヤマン切《きり》子《こ》鉢《ばち》　バカラ社製

水《みず》の面《おも》

嘯月製

水面に次々と波紋が広がる情景を題材とする。中に一粒大徳寺納豆が入っており、まるで水面に投じられた石のようにも見える。見た目だけではなく、琥珀羹《こはくかん》の透明感を際立たせ、味を引き立てる役割も持っている。

要予約 TEL 季 7〜8

藻《も》の花《はな》

京都鶴屋製

青豌豆《えんどう》製の緑の餡を葛《くず》で包んだ葛饅頭で、葛から透けるほんのりとした緑色が見るからに清々しい。氷水などで少し冷やして出すとさらによい。

要予約 10 TEL FAX 季 6〜8

器・千字盆《せんのじぼん》

七夕《たなばた》

五節句のひとつ、七月七日の行事。牽牛星と織女星の二つの星を祭る

天《あま》の川《がわ》

川端道喜製

牽牛《けんぎゅう》星と織女《しょくじょ》星の二星に見立てた二色団子。やや大振りながら、この店が得意とする餅の食感と、中のこし餡の味わいは深い。山から切り出してきた青竹の串を使っている。

要予約 30 TEL 季

器・時代《じだい》真塗《しんぬり》縁金《ふちきん》銘々皿《めいめいざら》

珠《た》玉《ま》織《おり》姫《ひめ》

松屋藤兵衛製

上白糖と寒梅粉《かんばいこ》を混ぜて、五色の糸のごとく小菓としたもの。赤は梅肉、黄は生姜《しょうが》、白は胡麻《ごま》、青は柚子《ゆず》、茶は肉桂《にっけい》で風味をつけている。

要予約 送可 TEL 通

器・白磁《はくじ》高坏《たかつき》　黒田泰蔵作

星《ほし》の雫《しずく》

松華堂製

和三盆を五色に染め分け、一センチ角ほどの四角い打ち物に仕立てている。抑えめな色とシンプルな形がモダンであり、これを星の雫と名づけた意匠力に感嘆する。

送可 TEL FAX IN 季 5～8

器・黒四方盆

織《お》姫《り ひめ》

志むら菓子店製

薯蕷《じょうよ》餡を薄紅と黄、薄紫の三色に染め、葛《くず》だねで三色の餡を包んでいる。葛を通してほの見える餡の色が美しく、まるで「棚機《たなば》つ女《め》」と称される織女が織る色とりどりの薄衣を思わせる。

要予約 TEL 季 7＊

器・千字盆《せんのじぼん》

朝茶
あさちゃ

盛夏のころ、早朝のまだ朝露が露地に残る時間帯に爽涼を求めて行われる夏の茶事である。朝の清々しさの中でのもてなしは万事に重厚さを避け、道具のしつらいも清爽の趣を心がける。ここでは部屋の窓を開け放しての立礼《りゅうれい》の席をしつらえた。掛物や花入も涼やかな道具を選んでいる。朝茶の場合、菓子を前日に買いおく必要があるため、菓子選びにもひと工夫が生じる。

釜　雲龍　九兵衛造
水指　チェコガラス八角
棚　有隣斎《うりんさい》好　立礼卓《りゅうれいじょく》
茶器　蔦木地《つたきじ》　金輪寺《きんりんじ》　漆仙造
茶碗　ルーシー・リー作
茶杓　海田曲巻作　共筒　銘「貫道《かんとう》」
蓋置　南鐐《なんりょう》透かし
建水　インドネシア　青銅

床　岡田隆彦 詩「てっせんの　水滴の…」
花入　白磁破れ 黒田泰蔵作
花　鉄線

西湖《せいこ》

紫野和久傳製

京都の料亭がつくる菓子で、蓮根の澱粉と和三盆を練り合わせて茹で、冷やして熊笹に包んである。食感は葛よりもさらりとしていて清涼感がある。葛の菓子は、冷蔵庫に入れると白く濁るが、これは濁らず、買い置きできるのでたいへんありがたい。

直 デ 送 可 TEL FAX IN 通

器・焼締蓮弁皿《やきしめれんべんさら》 福森雅武作
焼締銘々皿《やきしめめいめいさら》

水羊羹

みず
ようかん

暑い盛りにひんやりと喉越しもよい水羊羹は、茶席の菓子としても重宝である

水羊《みずよう》かん

越後屋若狭製

この水羊羹は寒天《かんてん》も餡も控えめでひじょうにやわらかく、上品な小豆の風味がしっかりと生きている。口中、馥郁《ふくいく》とし、口当たりもよく、後味の涼しさも格別である。しっかりと冷やしたものを、青葉を添えて出すと見た目にも涼感がさらに増す。

直 要予約 TEL 季 6～8

器・天啓染付網文銘々皿《てんけいそめつけあみもんめいめいざら》

甘露竹《かんろたけ》

鍵善良房製

青竹に水羊羹を詰めて固め、笹葉を蓋としたなんとも風情のある夏の菓子。取り出しやすいように、お出しする際は、底に小さな穴を開ける。

直送可 **TEL** **FAX** **IN** **季** 4〜9/中

器・片木《へぎ》扇形《おうぎがた》銘々皿《めいめいざら》　橋村萬象作

涼一滴《りょういってき》

紫野源水製

小豆の水羊羹と、もうひとつは白小豆の水羊羹に炒った白胡麻《ごま》が入る。これを煎茶茶碗に流し入れたもので、味はもちろん、銘も秀逸である。

要予約 **送可** **TEL** **FAX** **季** 5〜9/中

器・片木《へぎ》扇形《おうぎがた》銘々皿《めいめいざら》　橋村萬象作

祇園祭《ぎおんまつり》

京都の夏の代表的な祭りであり、疫病の鎮静を祈願したのが始まりである

したたり

亀廣永製

祇園祭の山鉾のひとつ菊水《きくすい》鉾に供えられる菓子で、菊の露の滴《したた》りを飲んで長寿を保ったという中国の故事にちなむ。祭りの期間には一般向きの茶席でも呈されるため、祇園祭のころの菓子としてもよく知られる。寒天《かんてん》の棹物《さおもの》で、黒砂糖の風味が好もしい。

デ＊送可TEL通

器・白磁《はくじ》銘々皿《めいめいざら》　黒田泰蔵作

行者餅《ぎょうじゃもち》

柏屋光貞製

祇園祭の山鉾のひとつ役行者《えんのぎょうじゃ》山に供えられる菓子で、七月十六日の宵山《よいやま》に限りつくられる。小麦粉を水で溶いて焼き、中に白味噌、求肥《ぎゅうひ》餅、粉山椒を入れ、香包みのようにたたむ。利休好みの「ふのやき」を連想させ、菓子の古いかたちを残すと思われる。

TEL FAX 季 7/16

器・白磁大皿《はくじおおざら》 黒田泰蔵作
根来角切四方盆《ねごろすみきりよほうぼん》

撫子《なでしこ》

夏から秋にかけて山野に咲く撫子は、秋の七草のひとつに数えられる

撫子《なでしこ》 水《みず》

亀屋伊織製

打ち物の撫子と、有平《あるへい》糖の水との取り合わせ。水の有平は重ねても平らに並べてもよく、器に絵を描く心で盛るとよい。この季節の干菓子二種には、花や葉と水の意匠のものを合わせると自然の情景とも合い、涼感も添えてくれる。

要予約 **TEL** **季**

器・一指斎《いっしさい》好　櫛形《くしがた》四方盆《よほうぼん》

朝顔《あさがお》

日本では奈良時代に薬草として用いられている夏の代表花のひとつ

鏡草《かがみくさ》

とらや製

朝顔の別名だが、「鏡草」の異名をもつ花は四季にわたり幾種かある。この菓子は道明寺《どうみょうじ》羹《かん》を朝顔を象った型に流し、紅の餡を中に入れている。透きとおった道明寺羹の内側の餡の色が浮かび、涼やかな中にも可愛らしい風情が漂う。

要予約 TEL ＊

器・焼貫大皿《やきぬきおおざら》　塚本誠二郎作

千 和加子さんのワンポイントアドバイス

和菓子をより楽しむために

器・古曽部《こそべ》焼《やき》銘々《めいめい》皿《ざら》

既製のお菓子をひと工夫「手づくり菓子」に

和菓子はどれもお菓子屋さんの心尽くしのものですから、そのままをなるべく早くいただくのがいちばんなのですが、ときとしてひと手を加えると、時宜を得た「手づくり」になることがあります。

武者小路千家の先代有隣斎《うりんさい》家元の折、急なお客様がお越しになり、お出しするお菓子を探したところ、俵屋吉富さんの代表菓である「雲龍」をいただいていたのを思い出され、先代自ら一人分を切り分けて茶巾《ちゃきん》に包んで茶巾絞りにされました。すると見事にできたての菓子となり、黒文字《くろもじ》を添えて何食わぬ顔でお客人に出されたそうです。お客人が生菓子だと思って召し上がったのは当然で、あとで「雲龍」であったと聞かされ、びっくりされるやら感心なさるやらであったと聞いています。

もうひとつの例は「虎屋の羊羹」でつくる水羊羹です。羊羹を薄く刻み、二倍か二倍半の水で煮溶かして流し箱に流し入れ、冷蔵庫で冷やすと極上の水羊羹となります。甘さ、固さは好みでいかようにもなりますし、一人ずつの器に流し入れてもよく、青楓などを添えるとさらに涼味が増します。なぜ「虎屋の羊羹」かといえば、虎屋の羊羹のように小豆と砂糖と寒《かん》天《てん》のみでつくられた羊羹でなければ固まらないためで、同じ条件であれば、もちろん他店のものでも同様につくることができます。

三、あきの章

野遊び
のあそび

春や秋など気候のよい折には、茶箱に道具を組むのも一興であろう。もともと野掛けとも称し、軽やかな茶を味わえる。小さな籠に吟味した道具を詰めて出るもよし、室内にあっても敷物などの上で道具を一つひとつ取り出しながら楽しめるのも魅力である。菓子は干菓子が持ち運びやすくて便利であるが、時候に合わせて吟味したものが嬉しいことはいうまでもない。

茶籠　網代芒文《あじろすすきもん》
　　　蓋裏白菊絵
茶器　伊年印
　　　城《じょう》ケ端朱研出《はなしゅとぎだし》
　　　唐子《からこ》蒔絵
茶碗　黒一入《いちにゅう》造
替　祥瑞輪《しょんずいりん》花捻《かねじり》
茶杓　象牙
茶筅筒　葡萄蒔絵
茶巾筒　牙時代瓔珞文《ようらくもん》
香合　象牙冊子《さっし》形

生《なま》じめ

吉はし製

しっとりとやわらかな半生《はんなま》の菓子。白には大徳寺納豆が入り、薄紅の上に黄色を重ねたものは秋の仕様。口に入れるとホロリとほどけて溶けてゆく、味わいはほかにはない。

要予約 20 送可 TEL FAX 季 9/下〜6/初

器・鼈甲菓子皿《べっこうかしざら》

上がり羊羹

「上がり」とは献上を意味し、将軍家へ献上した上質の羊羹のことをいう

あがりようかん

上《あが》り羊羹《ようかん》

美濃忠本店製

溶けるようでなめらかな舌触り、小豆の風味がたったやわらかでもっちりとした独特の蒸し羊羹。残暑厳しいこの季節、寒天《かんてん》ものはすでに季節外れに感じるため、喉越しのよいこの味わいが嬉しい。徳川将軍家への献上菓子としてこの名がある。

直 デ 送 可 TEL FAX IN 季 9/10〜5/25

器・古染付双龍文銘々皿《こそめつけそうりゅうもんめいめいざら》

月
つき

日本人にこよなく愛されてきた月。秋の月はことに意匠として好まれている

月《つき》世《せ》界《かい》

月世界本舗製

泡立てた卵白と上質の糖蜜を合わせて乾燥させた菓子。淡黄色の表面は、月面とも月の石とも思える。

直売 デ 送可 TEL FAX IN 通

器・真塗《しんぬり》蠟色《ろいろ》四方《よほう》銘々盆《めいめいぼん》

風《ふう》流《りゅう》団《だん》喜《き》

末富製

名月に供える月見団子は米粉に砂糖を混ぜるが、これは餅を五色に染め、中にこし餡を包んでいる。風流団喜と洒落た銘も楽しい。

デ ＊ 要予約 TEL FAX 季 ＊

器・銀縁盆《ぎんえんぼん》　井尾健二作

萩

はぎ

秋の代表花で七草の筆頭にあげられる。古くから詩歌に詠まれ親しまれている

こぼれ萩《はぎ》

鶴屋吉信製

この菓子は淡い緑に染めたういろうで小豆のこし餡を包んで萩の丸葉を表す。そこにこぼれる萩の花の彩りが美しい。抽象化された萩の意匠で、秋の野の風情を表現したこの季節ならではの格別な菓子である。洒落た銘が、さらに菓子を印象づけている。

要予約 30 **TEL** **季** ＊

器・焼締台皿《やきしめだいざら》　福森雅武作

萩《はぎ》の露《つゆ》

鶴屋八幡製

こなしを緑と紅に染め、中に小豆のこし餡を入れて片身替《かたみが》わりに着せ、茶巾《ちゃきん》に絞ったもの。これに道明寺《どうみょうじ》を散らしている。萩にかかる露に見立てている。抽象化された意匠ながら、色の取り合わせが美しい菓子である。

直 デ 要予約 10 TEL FAX 季 ＊

器・黒縁溜塗銘々皿《くろぶちためぬりめいめいざら》　渡辺喜三郎作

菊

きく

香り高く気品あるすがたが愛されて、異名も多い菊。菓子の意匠も多様である

仙家《せんか》の友《とも》

とらや製

不老不死の仙人の住まいに四《し》君子《くんし》のひとつである菊はつきものである。こし餡を黄色の薯蕷《じょうよ》製の皮で包んで菊を表している。銘の選びかたといい、生地と餡の配色といい、デザイン的にもすぐれた美しい菓子である。

要予約 **TEL** ＊

器・宗旦《そうたん》好 一閑塗縁高《いっかんぬりふちだか》

交錦《まぜにしき》

嘯月製

薄紅と白のそぼろできんとん仕立てにしている。細かいそぼろの一つひとつが花びらを表す。黄色の蕊《しべ》をのせ、華やかで気品のある菊花の佇まいを表現している。

要予約 TEL 季 10

吹上菊《ふきあげぎく》

鶴屋八幡製

黄餡を白の薯蕷《じょうよ》餡に埋め込むように重ねて、茶巾《ちゃきん》に絞ったもの。白菊のすがたを見事に抽象化した意匠である。吹上菊は浜菊の異称で、白い花は茶花にも好まれている。

直 デ 要予約 10 TEL FAX 季 *

着《き》せ綿《わた》

俵屋吉富製

九月九日の重陽《ちょうよう》の節句の前夜、菊花に綿を着せ、翌朝に露と香りが移った綿で身体を拭くと長寿を保てるとされた。練切りの菊に自然薯《じねんじょ》のそぼろを綿に見立てている。

直 デ 要予約 TEL FAX IN 季 9

器・千字盆《せんのじぼん》

名残

なごり

十月半ばから十一月初めにかけて催す茶を名残の茶事と呼んでいる。やがて炉開《ろびら》きとなる前に、風炉の期間の茶趣を惜しみ、秋の侘びた風情をやつれ道具や秋の残花《ざんか》で味わう風炉の名残の茶事である。武者小路千家では、例年十月に流祖似休《じきゅう》斎一翁《さいいちおう》宗守の追善茶会「一翁忌」が執り行われ、名残の趣で席をしつらえる。古格のある道具ながら、侘びた取り合わせである。

床　一翁一行「茶道有無雪塵《さどううむせつじん》」
花入　唐物手付籠
花　木槿《むくげ》、藤袴、鉄線、岡虎の尾、桔梗、糸芒《いとすすき》、木瓜《ぼけ》、吾亦紅《われもこう》、竜胆《りんどう》、紫式部、金水引、水引、女郎花《おみなえし》、紅万作など
釜　福禄寿 浄長造
風炉　鉄丸
風炉先　愈好斎《ゆこうさい》好 網代《あじろ》 在判 真阿造
水指　蛸壺 不徹斎在判
茶器　直斎好 三夕《さんせき》歌中次《なかつぎ》 在判
茶碗　黒 銘「地蔵」直斎箱 一入造
替　蔦の細道 愈好斎箱 善五郎造
茶杓　宗旦作 一翁《いちおう》筒
蓋置　一指斎《いっしさい》好 むさしの 蘇山造
建水　愈好斎好 桑輪花《りんか》 真阿造

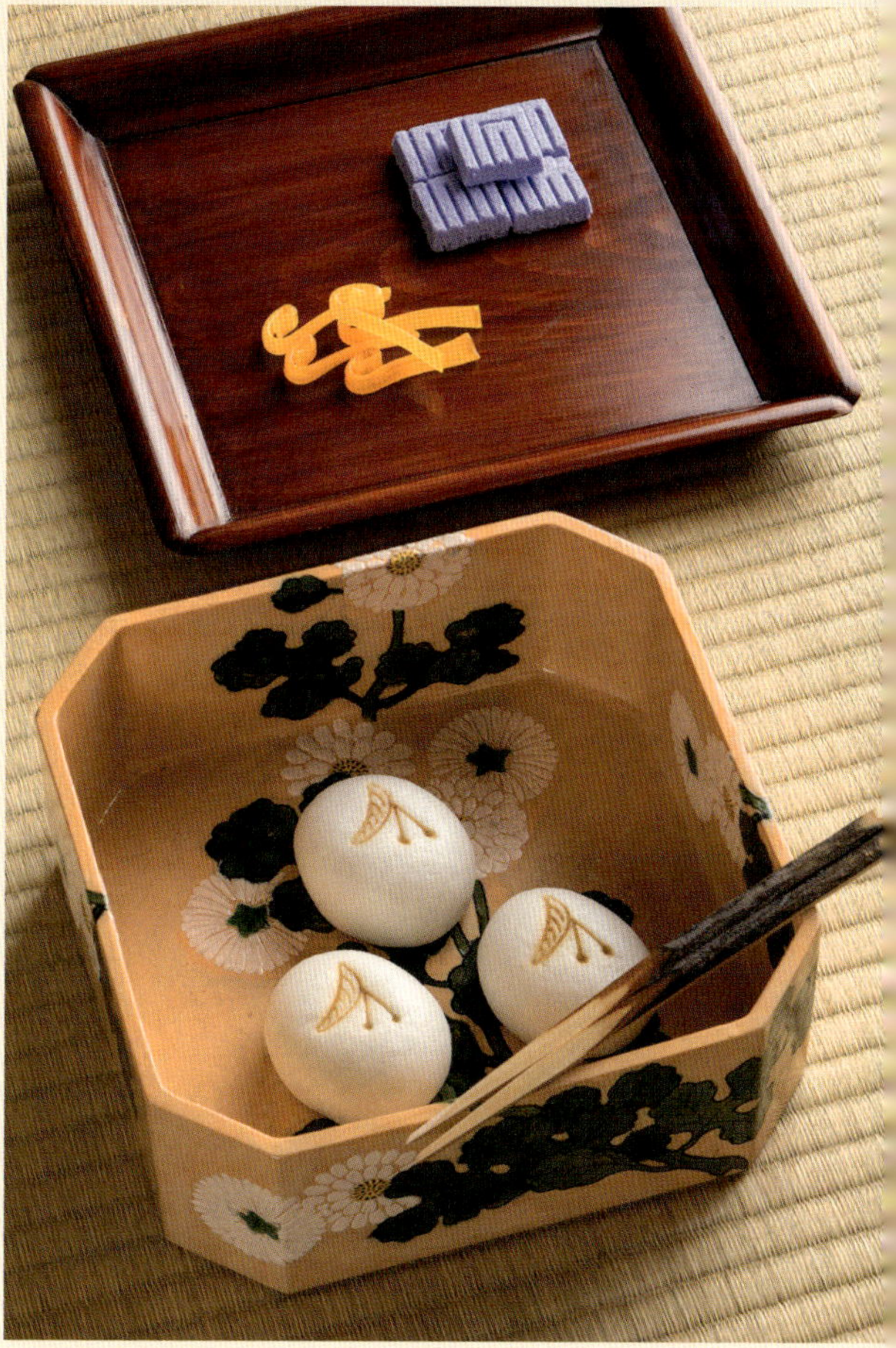

主菓子

菩提樹饅頭《ぼだいじゅまんじゅう》

とらや製

一翁忌に用いる主菓子は毎年、武者小路千家の好み菓子でとらや製の「菩提樹饅頭」と決まっている。菩提樹の焼き印を押した薯蕷《じょうよ》饅頭で、中はこし餡となっている。器も毎年、使うものが決まっている。

※この菓子は武者小路千家家元の留菓子《とめがし》（特別注文品）です。

器・愈好斎《ゆこうさい》好　菊絵縁高《きくのえふちだか》　永樂即全造

干菓子

香の図《こうのず》　如意《にょい》

亀屋伊織製

香の図は源氏香五十二図のいずれかをかたどった薄紫色の押し物で、黄色い有平《あるへい》糖の如意と合わせる。如意とは、僧侶が法会や説法のときに持つ仏具で、いずれの菓子も不祝儀用とされる。

器・利休《りきゅう》好　松《まつ》の木盆《きぼん》

要予約 **通季**

錦秋

きんしゅう

野山が紅葉黄葉に覆われるさまは、まるで綾なす錦を見るかのようである

秋風《あきかぜ》

聚洸製

こし餡を糸状に絞り出した薯《じょう》蕷《よ》餡で包んだ菓子を小田巻《おだまき》きんとんと称しており、春と秋には季節にあった色合いでつくっている。色味をやや抑えた黄と薄紅の餡は、秋の野山にわたる風を彷彿とさせる。

要予約 TEL 季10～11

器・鼠《ねずみ》志《し》野《の》草花《そうか》文《もん》角鉢《かくばち》

武《む》蔵《さし》野《の》

塩野製

栗蒸し羊羹の上に黄色の浮島《うきしま》をのせ、方形にととのえている。シンプルなかたちと色、二種類の素材の何気ない取り合わせがむしろ洗練を知る職人の技である。格のある存星《ぞんせい》の重箱に鮮やかな黄色が映え、実りの秋の喜びをこの菓子ひとつで表現している。

要予約 送可 TEL FAX 季 11

器・存星《ぞんせい》木瓜形《もっこうがた》草花文《そうかもん》重箱《じゅうばこ》

梢《こずえ》の秋《あき》

とらや製

とりわけ紅葉が美しく鮮やかな楓の色がうつろいゆくさまを表すもので、紅、黄、緑の三色のこなしで白餡を包み、木型で打ち出す。

要予約 TEL ＊

山川《やまかわ》

風流堂製

松平《まつだいら》不昧《ふまい》公の好み菓子の中でも随一とされ、公の「ちるは浮き散らぬは沈む紅葉葉の影は高尾の山川の水」の歌にちなんでいる。紅は紅葉、白は水を表す。寒梅粉《かんばいこ》の打ち物だが、しっとり感があるので、手で割ると形に趣が出る。

直売 デ 送可 TEL FAX IN 通

器・千字盆《せんのじぼん》

冨《ふ》喜《き》寄《よ》せ

末富製

この季節よく見る干菓子に吹き寄せがある。色とりどりの木の葉や木の実が風に吹き寄せられたさまを意匠したもので、打ち物や生《き》砂糖、有平《あるへい》糖、洲浜《すはま》などでかたちづくる。この吹き寄せは多種が美しく仕上げられており、めでたい銘もよい。

要予約 送可 TEL FAX 季 10～11

器・唐物《からもの》堆朱《ついしゅ》四方盆《よほうぼん》　利休在判

実り

みのり

秋は実りの季節である。稲、栗や柿、茸など、里も山も大地の恵みで賑わう

栗粉餅《くりこもち》

とらや製

新栗のみを使用してつくられる菓子で、裏漉しした栗と白餡を混ぜてそぼろにし、こし餡を求肥《ぎゅうひ》で小さく包んだものに着せてきんとん仕立てにする。

要予約 TEL ＊

器・白磁縁皿《はくじえんざら》　黒田泰蔵作

木守《きまもり》

三友堂製

翌年の実りを願い、柿の実などを一つ木に残す習慣を木守という。利休居士が長次郎に焼かせた茶碗を弟子達に選ばせ、残った赤茶碗を木守と命名した故事にちなむ菓子。

売 デ 送 可 TEL FAX IN 通

器・根来輪花足付盆《ねごろりんかあしつきぼん》

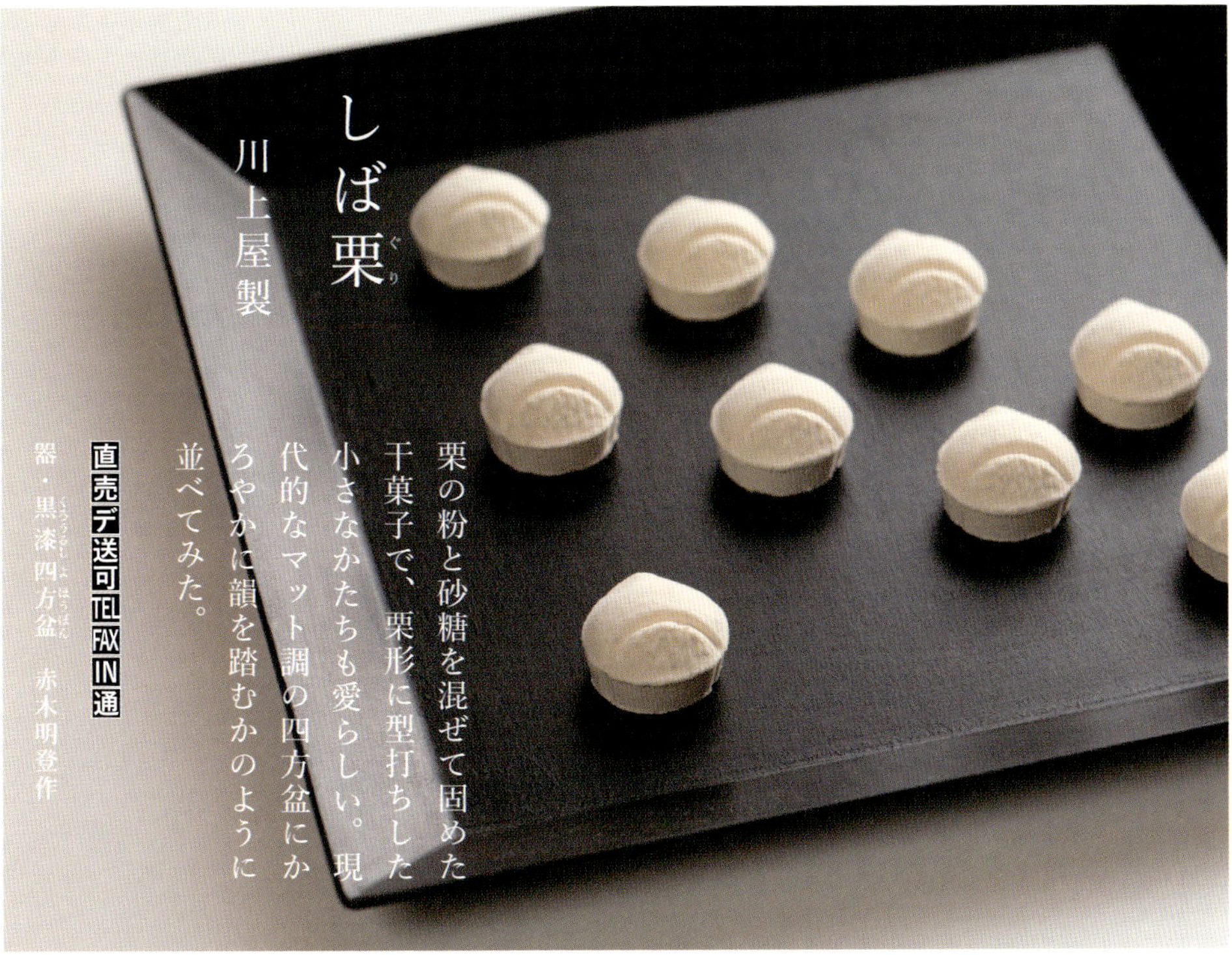

しば栗《ぐり》

川上屋製

栗の粉と砂糖を混ぜて固めた干菓子で、栗形に型打ちした小さなかたちも愛らしい。現代的なマット調の四方盆にかろやかに韻を踏むかのように並べてみた。

直売 デ 送可 TEL FAX IN 通

器・黒漆《くろうるし》四方盆《よほうぼん》　赤木明登作

鳴子《なるこ》雀《すずめ》

亀屋伊織製

稲穂《いなほ》

塩芳軒製

煎餅の鳴子と有《ある》平《へい》糖の雀、打ち物の稲穂という稲の収穫時の取り合わせである。このように干菓子三種を盛るときは、それぞれの味の違いを考慮する。

鳴子・雀　要予約 TEL 季

稲穂　要予約 10 送可 TEL FAX 季 9〜11

器・一指斎《いっしさい》好　櫛形《くしがた》四方盆《よほうぼん》

「普《ふ》段《だん》着《ぎ》」の菓子でお茶を楽しむ

ここにあげるのは、いずれも長い伝統をもつ名物菓子で、名物に玉石数あるなかでも、味わいに定評のあるものである。親しい人の集まりであれば、飾らないいわば「普段着」の菓子でお茶を楽しむのもよい。また時には器ひとつで「普段着」の菓子もまた、時宜を得た茶席の菓子になりうるものである。

器・南鐐《なんりょう》モール器《き》　当代一望斎造、インドネシア民具盆《みんぐぼん》

器を
変えるだけで、
菓子の表情も
一変する。

くるみ餅《もち》

かん袋製

抹茶色の餡で餅をくるんで食べる、泉州の名物菓子。普段着の菓子ながら、茶席でお出しすることを考えて、右頁のような器に盛りつけてみた。

TEL 通

栗《くり》きんとん

川上屋製

蒸した栗の粒を少し残しながら、砂糖を加えて丹念に炊き上げた栗餡を茶巾《ちゃきん》絞《しぼ》りで仕上げたもの。栗の自然な色合いと香りが楽しめる。

直売 デ 送可 TEL FAX IN 季 9〜12

麦《むぎ》代《て》餅《もち》

中村軒製

桂川近くにある店で、近辺の農家が作業の間食に用いた。たっぷりとした餅とつぶ餡に、きな粉がかかる。近年、小ぶりのものも登場している。

デ * TEL 通

器・朝日《あさひ》焼《やき》銘々皿《めいめいざら》

あぶり餅

粟餅

御豆糖

「普段着」の菓子でお茶を楽しむ

あぶり餅《もち》

かざりや製

今宮神社の門前菓子。きな粉をまぶした小餅を炭で炙り、白味噌だれをつける。

通

山田屋《やまだや》まんじゅう

山田屋製

薄皮から薄紫のこし餡がほの見える一口饅頭。ほどよい甘さとあと口が良い。

直売 デ 送可 TEL FAX IN 通

濤々《とうとう》

京華堂利保製

武者小路千家先代有隣斎《うりんさい》の好み菓子。大徳寺納豆を刻み込んだ餡を麩焼で挟む。

送可 TEL FAX 通

粟餅《あわもち》

粟餅所・澤屋製

糯粟と少量の糯米《もちごめ》でつくった餅を、こし餡で包んだものときな粉をつけたもの。

通

やきもち

神馬堂製

上賀茂神社の名物、つきたての餡餅を鉄板で焼いて、うっすらと焼き色をつける。

デ TEL 通

からいた

水田玉雲堂製

上御霊神社名物として知られる厄除けの煎餅。素朴な淡味で愛好される。

デ 要予約 3 送可 TEL 通

御豆糖《おまめとう》

鳴海屋製

会津産大豆を炒り、黒糖ときな粉をまぶした豆菓子。香ばしく滋味溢れる。

送可 TEL FAX 通

本《ほん》ノ《の》字《じ》饅頭《まんじゅう》

総本家駿河屋製

室町時代創業以来の麹《こうじ》を使った饅頭。かすかな酸味と香味が好ましい。

直 デ 送可 TEL FAX 通

打吹公園《うつぶきこうえん》だんご

石谷精華堂製

倉吉名物の愛らしい串団子。天女伝説にまつわる打吹山の名を冠する。

直 売 デ 送可 TEL FAX IN 通

器・朝日焼《あさひやき》銘々皿《めいめいざら》

千 和加子さんのワンポイントアドバイス

和菓子をより楽しむために

菓子器には、漆器、焼物、籠、ガラス、南鐐《なんりょう》（銀）、銅や鉄など金属のもの、木地などがあります。器ではありませんが、紙や葉も器代わりに用いられます。

器・宗旦《そうたん》好　一閑塗縁高《いっかんぬりふちだか》

和菓子を生かす器づかいを覚えましょう

濃茶の正式な菓子器は縁高ですから、格としては縁高がいちばん高いのですが、鉢でも古くてよいものは重い濃茶で使います。

季節による菓子器の使い分けについては、塗り物は炉用で、暖かくなるにつれて焼物にとされています。とはいうものの、風炉の時期に行う朝茶の正則は縁高とされていますし、真冬に陶製の蒸し器で饅頭をお出しすることもあり、これらを考えれば、一概にはどうとはいえません。ですから焼物も一応、季節を問わずに使えると考えてよいかと思います。

蓋物の器は、ほこりを避けられ、お菓子も乾きにくく、ものによってはお菓子が冷めにくいという利点があります。塗りの食籠は主に炉で使います。ただし蓋があると、扱いがひと手間多くかかるため、お客様が大勢の場合は鉢のほうが無難です。

また、菓子器に添える黒文字は、一本添えた時は一人ずつの楊枝になり、二本添えた場合は取り箸になります。黒文字は必ず濡らしておく事が肝要で、これは浄めの意味と、菓子にくっつかないようにするための意味があります。

四、ふゆの章

ろびらき

炉開き

名残《なごり》が終わると、やがて茶席は炉の季節に入る。炉開きは冬季の茶事の走りである。かつては陰暦十月初旬の亥《い》の日に炉を開くのが通例だったが、現在では十一月初旬ごろに行われる。江戸時代には武家が初めの亥の日を祝う習いだったことから、これに遠慮し、茶人が炉を開くのは中の亥の日であったという。利休居士は「柚《ゆ》の色づくを見て囲炉《いろ》裏《り》に」と教えたとされる。

床　兼好法師詠草《えいそう》　藤田家伝来
「神無月のへのくさはのしもかれに身はならはしの風のさむけさ」

花入　黄瀬戸　立鼓《りゅうご》　利休所持
文叔《ぶんしゅく》箱

花　白玉椿　桜の照葉

釜　利休　筋万字　文叔箱　与次郎造

炉縁　時代木地　銘「聴松《ちょうしょう》」
江月《こうげつ》在判　孤篷庵《こほうあん》伝来

水指　古備前耳付矢筈《やはず》口　共蓋　愈好斎《ゆこうさい》箱

茶入　一翁《いちおう》好　下張棗《なつめ》　在判　初代宗哲造

袋　細川緞子

茶碗　織部菊文筒　愈好斎箱
平瀬家・藤田家伝来

茶杓　一翁作　共筒　銘「一滴」
真伯・一指斎《いっしさい》・愈好斎箱

蓋置　青竹

建水　伝来　唐銅えふご
利休所持　一啜斎《いっとつさい》・有隣斎《うりんさい》箱

主菓子

善哉《ぜんざい》

自家製

炉開きでは、主菓子に善哉を用いる例は多い。温かいものが恋しい時期でもあり、めでたいとされる小豆と餅を取り合わせ、善哉に仕立てる。

器・麦藁手《むぎわらで》蓋付碗《ふたつきわん》

干菓子

菊寿糖《きくじゅとう》

鍵善良房製

菊と不老長寿の伝説は多く、菊の露を飲み、命永らえた「菊《きく》慈童《じどう》」はよく知られる。この菓子は寿ぎの菊を阿波の和《わ》三《さん》盆《ぼん》で精緻に打ち出している。

直送可 TEL FAX IN 通

器・黒《くろ》四《よ》方盆《ほうぼん》

無事《ぶじ》

一年間、何事もなく過ごせたことに感謝し、茶席では暮れの掛物などに使う言葉

亥《い》の子《こ》餅《もち》

川端道喜製

亥の子は安産や火を守る行事で、陰暦十月の亥の日に餅をついて無病息災を祈願した故事が起源とされる。日本でも宮中行事として行われ、その餅は亥の子餅、玄猪《げんちょ》餅と呼ばれた。御所御用であった川端道喜の亥の子餅は、こしあんを小豆で染めた餅で包む。

デ＊要予約 TEL 季 10/末～11/上

器・砧青磁《きぬたせいじ》双魚文鉢《そうぎょもんはち》

黄《き》味《み》瓢《ひょう》

空也製

炭斗《すみとり》などの道具にも登場する瓢は、侘びた風情ながらも縁起のよいものとして喜ばれる。文様の意匠で瓢を六つ描き、「無病（六瓢）」と洒落ることもある。この菓子は白餡を黄身餡で包み瓢形にととのえたもの。洗練されたすがたと味は他では味わえない。

要予約 TEL 季 11～4

器・華南三彩《かなんさんさい》（緑釉《りょくゆう》）蓮鷺文皿《はすさぎもんさら》

霜《しも》

気温が氷点下になると霜が下りはじめ、本格的な冬の訪れを感じさせる

霜《しも》ばしら

九重本舗玉澤製

煮詰めた飴を何度も引き伸ばして折り重ねていると白くなる。これが晒《さら》し飴で、飴の糸が細かく通っており、それを霜柱に見立てての銘である。口中ですっと溶ける干菓子。

直 売 デ 要予約 送可 TEL FAX IN 季 10〜4

器・南鐐青海盆《なんりょうせいがいぼん》

初霜《はつしも》

京都鶴屋製

秋に採れた新小豆のきんとんで、小豆餡にそぼろにしたこし餡を着せ、氷餅を散らして霜に見立てている。紫色を帯びた小豆の色、新ものの香りを味わう菓子である。

デ 要予約 5 TEL FAX 季 10〜11

器・仁清深皿《にんせいふかざら》

冬の山《ふゆのやま》

四季折々の山の容姿は菓子の意匠へと写されているが、冬山もまた同様である

冬山《ふゆやま》

塩芳軒製

白餡を黒胡麻の入ったこなしでくるりと包んだ菓子で、冬の黒い山をたくみに表現している。季節感に敏感であれば冬枯れさえも意匠となる。

要予約 10 送可 TEL FAX 季 12~2

器・七角食籠《ななかくじきろう》 吉田一閑造

玄冬《げんとう》

塩野製

こし餡に黒砂糖の入った小豆のきんとんを着せたものである。濃厚な味が寒さ深まる時期には嬉しく、氷餅が初雪を思わせる。

要予約 送可 TEL FAX 季 12/1~12/25

器・フランス製《せい》十二《じゅうに》角白磁皿《かくはくじざら》

雪《ゆき》

雪は菓子においてもさまざまに意匠化され、師走から二月ころまで茶席を彩る

京《きょう》のよすが

亀末廣製

四畳半の茶室を意匠した杉の木箱に四季それぞれの干菓子が詰められている。そのさまは美しく楽しく、一箱のなかから何かしら取り合わせて楽しめる。ここに取り合わせたのは冬の「京のよすが」から、冬の情景を描くように干菓子盆の上に並べてみた。

要予約 送可 TEL FAX 通

器・一指斎《いっしさい》好　櫛形四方盆《くしがたよほうぼん》

雪餅《ゆきもち》

とらや製

茶席でこのころ喜ばれる雪餅は、きんとん製、道明寺《どうみょうじ》製、茶巾絞りなど、味もかたちもそれぞれの店で特色をもつが、いずれも餅製ではない。この雪餅は黄色の餡玉に、蒸したつくね芋を裏漉しし、砂糖を合わせたそぼろを着せ、まっ白のきんとんに仕上げている。

要予約 **TEL** ＊

器・愈好斎《ゆこうさい》好　独楽透《こますか》し縁高《ふちだか》

歳暮　せいぼ

師走も押し迫って行われる歳暮の茶事は、慌ただしい時期ゆえ、かえって心に残るということがある。忙中閑のひととき、この一年の交誼《こうぎ》に感謝し、一服の茶を味わいながら一年を振り返り、また過ぎしときを述懐するのも意義深い。道具は総体に侘びたものが好まれるであろうが、菓子もまた侘びた趣のものが好まれる。

床　里村紹巴　歳暮詠草《えいそう》
「いとまなき
世の事くさは数そひて
惜しみもあえず年ぞ暮ゆく」
花入　元伯宗旦作
竹尺八　銘「三井寺《みいでら》」
花　白玉椿　きささげ
釜　古天明《こてんみょう》鬼霰《おにあられ》　姥口《うばくち》
炉縁　古材
水指　ノンコウ　礫釉《れきゆう》　耳付《みみつき》
覚々斎箱　赤星家伝来
茶器　根来平《ねごろひら》
茶碗　宗入《そうにゅう》黒　銘「暮雪《ぼせつ》」　直斎箱
替　出雲焼筒　暦手
茶杓　文叔《ぶんしゅく》作　共筒　直斎箱
蓋置　古竹《こちく》
建水　伝来形砂張《さはり》えふご　浄益造

主菓子
埋火《うずみび》
招福楼製

大晦日の夜、竈《かまど》や炉の炭火を埋《うず》み火にする「伝灯《でんとう》」は、家系や血脈を絶やさぬことの象徴とされてきた。黒豆製のきんとんに、白小豆の紅餡が潜むこの菓子は、赤い火種に灰を着せた風情である。

直 デ 要予約 TEL 季 12〜1
器・黒内溜塗輪花銘々盆《くろうちためぬりりんかめいめいぼん》 渡辺喜三郎作

干菓子
愛香菓《あいこうか》
金沢 うら田製

口中でふわっと広がる香味は従来の和菓子のイメージとは異なるが、アーモンド、レモン、シナモンの風味がほの甘くやさしく溶けている。和の伝統に洋の感性を合わせた薄茶に実によく合う菓子である。

直 売 デ 送可 TEL FAX IN 通
器・七宝輪花皿《しっぽうりんかざら》

年の瀬
としのせ

年の終わり、慌ただしいなかざわめくような高揚感があるのも年の暮れである

袴腰《はかまごし》

川端道喜製

袴腰とは袴の腰の部分の当てのこと。年の暮れに宮中の女官たちが袴をはいて大掃除をしたことにちなむ、この時期の菓子。餅肌から透き通るように見える中のこし餡は紫色を帯びており美しい。

デ＊要予約 匝 季12

器・黒漆《くろうるし》四《よ》方盆《ほうぼん》 赤木明登作

千《ち》代《よ》萬《ばん》代《だい》

京都鶴屋製

一年の終わりにあたりこの年を振り返り、来る年に思いを馳せるにふさわしい銘の菓子といえる。丹波小豆のつぶ餡の風味を堪能できる。

要予約 10 TEL FAX 通

器・絵高麗鉢《えごうらいはち》

そば饅頭《まんじゅう》

鶴屋益光製

蕎麦饅頭は歳暮の茶事をはじめ師走によく用いられる。蕎麦粉を加えた薯蕷《じょうよ》饅頭で、小豆のつぶ餡を含んでいる。少し温めるとさらに風味が増す。

送可 TEL FAX IN 通

器・拭漆銘々皿《ふきうるしめいめいざら》

清《せい》香《こう》殿《でん》

藤丸製

菅原道真ゆかりの太宰府天満宮近くの店で、梅に縁の名は、大徳寺瑞峯院の前田昌道師の命名による。卵のフワッとした食感と瑞峯院直伝の大徳寺納豆の柔らかな塩味が効いた半生の菓子である。

要予約 **送可** **TEL** **通**

器・焼杉盆《やきすぎぼん》　興福寺伝来

空也《くうや》もなか

空也製

作[illegible]焦がし皮が香ばしく、充分に火を入れた小豆のつぶし餡は日にちが経つと砂糖が白く固まるが、これを湯で溶いて汁《しる》粉《こ》にしても美味である。

要予約 10 **TEL** **通**

器・鉄打出皿《てつうちだしざら》

ゆりねきんとん

樫舎製

吟味した百合根《ゆりね》を蒸して砂糖と合わせてきんとん仕立てにしたもの。ねっとりとした百合根の味わいと香りを存分に味わえる贅沢な菓子である。中の餡はさまざまな色に染められるが、暮れのころには埋み火のごとく、紅に染めた白餡を合わせている。

TEL
季 12〜4
器・鼠志野草花文角鉢《ねずみしのそうかもんかくばち》

千 和加子さんの
ワンポイントアドバイス

和菓子をより楽しむために

「夏は涼しく、冬は温かく」の一工夫を

菓子をお出しする場合、夏は涼味がいちばんのご馳走になります。

そこで冷やすことができる寒天やゼラチン製のものもあれば、冷蔵庫に入れて冷たくします。葛《くず》は冷蔵庫に入れると白く濁りますので、氷水で少し冷やす程度にしておきます。器もガラスは冷やしてよく、ゼリーなどが溶けそうであれば下に氷を敷くなど、ぬるくならない工夫をします。また笹の葉や青楓など、青葉を添えて涼感を出すのもよいでしょう。

気をつけなければならないのは、器を冷やすことによって水滴がついてしまったり、添えた氷でお菓子が崩れるというようなことにならないように工夫をするということです。

一方、冬は温かさが何よりのご馳走です。

饅頭のように蒸し直して、お出しするものは、蒸した器のままで下に受け皿を敷いたり、焼物の器は温めて使ったりします。写真の菓子はとらやの「柚形《ゆがた》」という柚《ゆ》子《ず》風味の薯蕷饅頭ですが、このように蓋つきの器で出すと温かさが増すだけではなく、柚子の香りが立ちさらに美味しくいただくことができます。蒸したての饅頭を漆器に盛ると器に跡が残るため、漆器を使う場合は少し熱がおさまってから盛ったり、椿の葉を下に敷いたりします。葉を敷くと懐紙《かいし》にくっつかないという利点もあります。

柚形　とらや製、器・樂桜花文蓋付碗　慶入造

五、和菓子のいただき方、盛りつけのコツ

知っておくと安心

和菓子をいただく

菓子のいただき方には、こうでなければいけないという決まりはない。まずは無作法にならないように、いただいたあとを美しくと心がけることである。懐紙を常備し、懐紙や黒文字の使い方の基本を身につけ、日頃から美しくいただくことを心がけると、自ずから自然な所作も身につき、どんな菓子にも応用できるようになる。ここでは茶席によく出るきんとんと薯蕷饅頭を例を紹介する。

黒《くろ》文《も》字《じ》（箸・楊子）の扱い

1. 器に添えられた黒文字をとるときは、まず右手で取り上げる

2. 左手で黒文字のなかほどを受ける

3. 右手を黒文字の上端をすべらせるようにずらし、下から持ち変える

菓子を取り回しするときは、原則的に右回りにとる。平鉢は、手前右から右回りに、深鉢は菓子を傷つけないように向こう側から右回りに取る。縁高などの蓋の

黒文字を上手に使えばカンタン

きんとんをいただく

1. きんとんは総体にやわらかいので、黒文字を深く差し入れて取る

2. 黒文字は懐紙の右向こうの角を折り返して清める

3. 黒文字を器の手前端に戻し、懐紙を持ち上げ、楊子で菓子を割る

4. 二つ割りで大きいようであれば、さらに二つに割っていただく

4. 左手を鉢に添えて菓子をとる。浅い鉢の場合は手前から取る

5. 菓子を取った黒文字は懐紙の右向こうの角を折り返して清める

6. 黒文字を二本そろえて器の正面にまっすぐに置く

ある器の場合は、上に置かれている黒文字を自分の懐紙の右端にかけて預け、蓋をとり、次客に裏返した状態で手渡す。預けていた黒文字を取り直し、菓子をとる。

縁《ふち》高《だか》から取る

1. 次客に挨拶をしたのち、縁高を正面に置く

2. 二段目以上を少しずらし、なかの菓子が一個であることを確認する

3. 黒文字を一本取り、縁高の右縁にかけ、二段目以上を次客に送る

4. 黒文字を菓子の下にあて、左手を添えて懐紙に移す

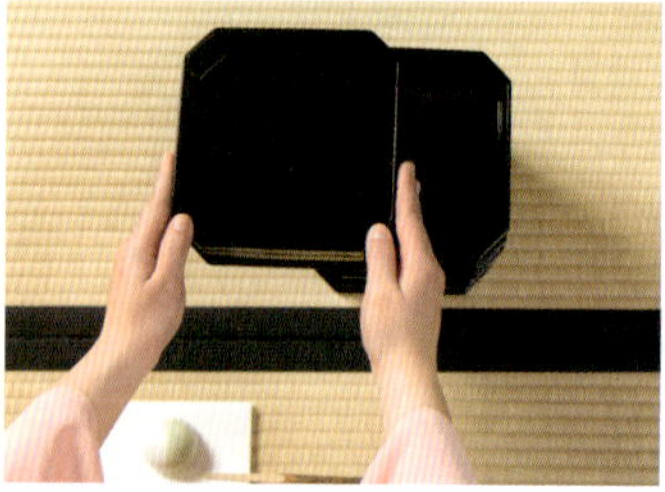

5. あいた縁高は、もとの順に重ねて、下座に順に送る

縁高は濃茶のときの正式な菓子器である。角切の箱を重ねたもので、客が五人であればなかに一個ずつ菓子を入れ、人数分を重ねる。五客を超す場合はいちばん下の正客の重には一個を盛り、あとの段に人数分を塩梅して盛ることになる。菓子を取ったあとの縁高は順次重ねて下座に送られ、最後の客（お詰め）は、器を預かる。黒文字は正式には客が持ち帰る習いであるが、最近の大寄せの茶会では持ち帰らないことが多い。

鉢《はち》から取る

1. 次客に挨拶をしたのち、鉢を正面に置く

2. 「いただきます」の挨拶をして黒文字を取り上げる

3. 左手を鉢に添えて菓子を取る。深い鉢の場合、向こう側から取る

4. 懐紙に菓子を取り、黒文字を懐紙で清めて戻し、鉢を次客に送る

素手でいただいてもよいお菓子

饅《まん》頭《じゅう》をいただく

1. 懐紙に取った饅頭を手で取り上げ、二つに割る

2. 二つに割ったら、一方を懐紙に戻す

3. 手に持ったほうをさらに半分に割り、いただく

菓子を扱いかねて、味わうにはほど遠いという経験は誰しもが持つのではないか。饅頭は黒文字を使ってもよいが、強いて使う必要はなく、手で割るほうがいただきやすい。美しく無駄のないいただき方がよい。

特徴のある菓子のいただき方

一つ一つ串からはずす

串《くし》団《だん》子《ご》

1. 左手で串を持ち、右手を添えて、串ごと団子を懐紙に取る

2. 串を左手で持ち、右手に黒文字を持っていちばん先の団子をはずす

3. 一つ目の団子を二つ割りにしていただく

4. 一ついただいたら、一つ目と同様に、二つ目の団子をはずす

5. 二つ目の団子を同様にいただく。串は器に戻すか、持ち帰る

串のついたものは、原則串からはずしていただく。串団子の場合は、まず一個をはずしていただき、次の残りの団子も同様に、全部一度にはずさず、一つ一つはずして順次いただく。はずした団子を一口でいただけない場合は、黒文字で二つに割っていただく。

桜葉をはずしていただく

桜《さくら》餅《もち》

1. 左手を添えて、桜餅を葉の下からすくうようにして懐紙に移す

2. 黒文字を懐紙の手前端に置き、桜餅の上の葉をはずす

葉で包んだ菓子は、基本的には下の葉一枚を残して、あとの葉をはがし、残した下の葉を皿代わりにしていただく。いただいたあとは、葉を重ねて、折りたためるものは持ち帰る。いただいたあとが美しいよう心がけるが、かさばるものは器に残してもよい。

3. はずした葉は、下の葉に重ねておく

4. 懐紙を取りあげて、右手で黒文字を持ち、桜餅を縦二つに割っていただく

5. 葉は重ねて横二つ折りにし、懐紙も二つ折りにして包む

6. 葉がこぼれぬように懐紙を小さくたたみ、持ち帰る

笹葉を上手にはずし、後始末もきれいに

粽《ちまき》

1. 左手を粽に添え、黒文字で懐紙に移す

2. 黒文字は懐紙の右向こうの角を折り返して清める

3. 粽を両手でとり上げ左手に持ち、右手で藺草の巻き終わりをはずす

4. 藺草をくるくるとはずしながら巻き、左手に預け、粽を懐紙に置く

5. 粽の葉先を伸ばし、一枚だけ残して笹をはずし、菓子の下に置く

6. 懐紙の上で、最後の一枚をはずして、粽を出す

どう扱ってよいのか途方に暮れる菓子の最たるものがこの粽であろう。しかし基本的には葉で包んだ他の菓子と同じ扱いでよく、内側の葉を一枚残して、これを皿代わりにしていただく。巻いてある藺草《いぐさ》は軽く結わえておき、いただき終えたあとで、葉をまとめて結ぶ。

7. 懐紙を左手で持ち、楊子で粽を切っていただく

8. いただき終えたら、懐紙の上で笹葉をまとめて持つ

9. 左から三分の一折りたたむ

10. 右からも三分の一折りたたみ、三つ折りにする

11. 三つ折りにしたものをさらに縦に折りたたむ

12. まとめておいた藺草で巻く

13. 藺草の巻き終わりは、輪をつくって笹の軸をくぐらせる

14. 小さくまとめた笹の葉は、懐紙に包んで持ち帰る

器と箸の扱いを知っておく

善哉《ぜんざい》

1. 両手で盆を膝前に軽く引き寄せる

2. 器に軽く左手を添えて、右手で蓋をとる

3. とった蓋は返して盆内の右脇に置く

4. 両手で器をとり上げて、左手にのせる

5. 右手で黒文字をとり、左手の指の腹の上にのせて持ち変える

善哉は茶席では通常、銘々に盆で供される。盆上で蓋をとって盆内に置き、器を取り上げて、手に持っていただく。途中、休む場合は、黒文字（箸）の先を盆の左縁にかけて戻し、器を盆に戻す。いただき終えたときも同様にし、黒文字を懐紙《かいし》で包んで盆内に戻す。

6. 軽く黒文字で善哉を混ぜてからいただく

7. 器に口をつけて小豆をいただいてもよい

8. あらかたいただいたら、黒文字を持ちかえ、盆の縁に掛ける

9. 器を両手で持ち、直接器に口をつけて汁をいただく

10. いただき終えたら、器を盆に戻し、蓋をする

11. 懐紙を横に四つ折りにし、先の部分も折って袋状にする

12. 袋の部分に黒文字の先を入れて、盆内に戻す

懐紙から落とさないよう注意

竹《たけ》流《なが》し羊《よう》羹《かん》

1. 器から懐紙にとり、左手で持つ

2. 笹などで蓋がしてあるので、右手で蓋をはずす

3. 左手を添えながら竹筒の口を下にし、羊羹を懐紙の上に出す

4. 竹筒と蓋は、器に戻しておく

5. 懐紙を持ち上げて、羊羹を一口大に切っていただく

竹筒の筒底に小さい穴を開けて空気を入れると、羊羹が出やすくなるので、通常は穴を開けた状態で供されることが多い。穴が開いていると、竹筒の口を下にすれば羊羹は滑り出てくることが多いが、出ない場合、筒を持った手をもう片方の手でとんとんと軽く叩き、羊羹を出す。

菓子の盛りつけのコツ

丸い器に、丸い菓子の場合

菓子を盛る場合、まず盛りつけの正面を決めることが大切である。盛りつけの正面とは、すなわち器の正面ということになる。器に印や花押、サインがある場合は、天地が逆にならないように、これを手前にする。綴じ目のあるものは、丸形は手前に、角形は向こうを綴じ目とするのが約束である。

菓子を人数分を盛る場合は、器の形状にもよるが、基本的には菓子を重ねないほうがよい。ただし鉢などに盛る場合は重ねることが多く、その場合も菓子と菓子の間にすき間をつくり、とりやすいようにする。三個を盛る場合は、手前に二個盛るほうが安定する場合

丸い器に、四角い菓子の場合

が多い。五個を重ねる場合は、四つを下にし、正客分を上に重ねる。重ねる際、全部をまっすぐに盛ってもよいが、正客の上の一個をやや斜めにしてもよい。銘々皿の場合は菓子を中央に置くが、長さのあるものは「手なり」でとれるように左上から右下に斜めに盛る。二つ折りにしたかたちの菓子は、折った輪のほうを向こうにする。

四角い器に、丸い菓子の場合

四角い器に、四角い菓子の場合

［中村軒］　京都府京都市西京区桂浅原町 61　T 075-381-2650
http://www.nakamuraken.co.jp

［鳴海屋］　福島県喜多方市 1-4580　T & F 0241-23-1701

［花乃舎］　三重県桑名市南魚町 88　T 0594-22-1320　F 0594-23-1320
http://www.thetown.jp/hananoya/

［風流堂］　島根県松江市矢田町 250-50　T 0852-21-2344　F 0852-23-2344
https://www.furyudo.jp

［麩嘉］　京都府京都市上京区西洞院椹木町上ル　T 075-231-5561　F 075-231-3625

［藤丸］　福岡県太宰府市宰府 3-4-33　T 092-924-6336

［松屋藤兵衛］　京都府京都市北区紫野雲林院町 28　T 075-492-2850

［萬々堂通則］　奈良県奈良市橋本町 34　T 0742-22-2044　F 0742-22-1612
https://www.manmando.co.jp

［岬屋］　東京都渋谷区富ヶ谷 2-17-7　T 03-3467-8468

［水田玉雲堂］　京都府京都市上京区上御霊神社前　T 075-441-2605
http://gyokuundo.com

［美濃忠本店］　愛知県名古屋市中区丸の内 1-5-31　T 052-231-3904　F 052-231-1804
http://www.minochu.jp

［紫野源水］　京都府京都市北区北大路新町下ル　T 075-451-8857　F 075-451-8867

［紫野和久傳］　京都府京都市中京区堺町通御池下ル丸木材木町 679
T 075-223-3600　F 075-223-3601
http://www.wakuden.jp

［山田屋］　愛媛県松山市正岡神田甲 251　T 0120-78-4818　F 089-911-7718
http://yamadayamanju.jp

［吉はし］　石川県金沢市東山 2-2-2　T 076-252-2634　F 076-252-2725

［芳光］　愛知県名古屋市東区新出来 1-9-1　T 052-931-4432

［林盛堂本店］　富山県富山市八尾町福島 3-8　T & F 076-454-4670

※菓子店一覧は 125 頁から始まります

[末富]　京都府京都市下京区松原通室町東入ル　T 075-351-0808　F 075-351-8450
http://www.kyoto-suetomi.com

[総本家駿河屋]　和歌山県和歌山市駿河町 12　T 073-431-3411　F 073-431-3412
http://www.souhonke-surugaya.co.jp

[大極殿本舗 六角店]　京都府京都市中京区六角通高倉東入ル南側　T & F 075-221-3311

[大黒屋]　福井県鯖江市本町 2-1-13　T 0778-51-0451　F 0778-51-0140
http://mizuyoukan.com

[大黒屋鎌餅本舗]　京都府京都市上京区寺町通今出川上ル 4 丁目阿弥陀寺前町 25
T & F 075-231-1495

[太市]　東京都目黒区洗足 1-24-22　T & F 03-3712-8940
http://www.wagashi-taichi.jp

[俵屋吉富]　京都府京都市上京区室町通上立売上ル　T 075-432-2211　F 075-432-9271
http://www.kyogashi.co.jp

[長命寺桜もち]　東京都墨田区向島 5-1-14　T 03-3622-3266
http://www.sakura-mochi.com

[月世界本舗]　富山県富山市上本町 8-6　T 076-421-2398　F 076-423-1260
http://www.tukisekai.co.jp

[つちや]　岐阜県大垣市俵町 39　T 0584-78-2111　F 0584-78-2017
https://www.kakiyokan.com

[鶴屋壽]　京都府京都市右京区嵯峨天龍寺車道町 30　T 075-862-0860　F 075-872-3679
http://www.sakuramochi.jp

[鶴屋八幡]　大阪府大阪市中央区今橋 4-4-9　T 06-6203-7281　F 06-6202-5205
http://www.tsuruyahachiman.co.jp

[鶴屋益光]　滋賀県大津市坂本 4-11-43　T 077-578-0055　F 077-577-2317
http://www.turuya.jp

[鶴屋吉信]　京都府京都市上京区今出川通堀川西入ル　T 075-441-0105
http://www.turuya.co.jp

[出町ふたば]　京都府京都市上京区出町通今出川上ル　T 075-231-1658　F 075-231-1696

[とし田]　東京都墨田区両国 4-32-19　T 03-3631-5928　F 03-3631-5919

[とらや 京都一条店]　京都府京都市上京区烏丸通一条角広橋殿町 415　T 075-441-3111　F 075-411-2291
https://www.toraya-group.co.jp
○一部の商品は銀座店でも販売

[京華堂利保]	京都府京都市左京区二条通川端東入ル T 075-771-3406 F 075-761-8265	
[京都鶴屋]	京都府京都市中京区坊城通四条下ル T 075-841-0751 F 075-841-0707 http://www.kyototsuruya.co.jp	
[空也]	東京都中央区銀座 6-7-19 T 03-3571-3304	
[九重本舗玉澤]	宮城県仙台市太白区郡山 4-2-1 T 022-246-3211 F 022-246-3585 http://www.tamazawa.jp	
[五郎丸屋]	富山県小矢部市中央町 5-5 T 0766-67-0039 F 0766-67-6430 http://www.usugori.co.jp	
[彩雲堂]	島根県松江市天神町 124 T 0120-212-727 F 0852-27-2033 http://www.saiundo.co.jp	
[さゝま]	東京都千代田区神田神保町 1-23 T 03-3294-0978 http://www.sasama.co.jp	
[三英堂]	島根県松江市寺町 47 T 0852-31-0122 F 0852-27-8209 http://www.saneido.jp	
[三友堂]	香川県高松市片原町 1-22 T 087-851-2258 F 087-822-2936	
[塩野]	東京都港区赤坂 2-13-2 T 03-3582-1881 F 03-3582-1882 http://www.siono.jp	
[塩芳軒]	京都府京都市上京区黒門通中立売上ル T 075-441-0803 F 075-451-2008 http://www.kyogashi.com	
[志むら菓子店]	東京都豊島区目白 3-13-3 T 03-3953-3388	
[聚洸]	京都府京都市上京区大宮寺之内上ル T 075-431-2800	
[松華堂]	愛知県半田市御幸町 103 T 0120-06-0046 F 0569-22-9828 http://handa-shokado.co.jp	
[嘯月]	京都府京都市北区紫野上柳町 6 T 075-491-2464	
[招福楼]	滋賀県東近江市八日市本町 8-11 T 0748-22-0003 F 0748-23-3154 http://www.shofukuro.jp	
[神馬堂]	京都府京都市北区上賀茂御薗口町 4 T 075-781-1377	

菓子店一覧

T 電話　F ファックス

[粟餅所・澤屋]	京都府京都市上京区北野天満宮前西入南側　T & F 075-461-4517
[石谷精華堂]	鳥取県倉吉市幸町 459-1　T 0120-23-0142　F 0858-22-0002 http://www.kouendango.com
[伊勢屋本店]	兵庫県姫路市龍野町 4-20　T 079-292-0830　F 079-298-5245 http://iseyahonten.com
[越後屋若狭]	東京都墨田区千歳 1-8-4　T 03-3631-3605
[鍵善良房]	京都府京都市東山区祇園町北側 264　T 075-561-1818　F 075-525-1818 http://www.kagizen.co.jp
[かぎや政秋]	京都府京都市左京区百万遍角　T 075-761-5311　F 075-761-5313
[かざりや]	京都府京都市北区紫野今宮町 96　T 075-491-9402
[樫舎]	奈良県奈良市中院町 22-3　T 0742-22-8899 http://www.kasiya.jp
[柏屋光貞]	京都府京都市東山区安井毘沙門町 33-2　T 075-561-2263　F 075-525-9218
[金沢うら田]	石川県金沢市御影町 21-14　T 076-243-1719　F 076-245-1371 http://www.urata-k.co.jp
[亀末廣]	京都府京都市中京区姉小路通烏丸東入ル　T & F 075-221-5110
[亀廣永]	京都府京都市中京区高倉通蛸薬師上ル　T 075-221-5965
[亀屋伊織]	京都府京都市中京区二条通新町東入ル　T 075-231-6473
[川上屋]	岐阜県中津川市本町 3-1-8　T 0573-65-2072　F 0573-66-7634 http://www.kawakamiya.co.jp
[川口屋]	愛知県名古屋市中区錦 3-13-12　T 052-971-3389
[川端道喜]	京都府京都市左京区下鴨南野々神町 2-12　T 075-781-8117
[川村屋]	愛知県名古屋市中区新栄 2-18-1　T 052-262-0481
[かん袋]	大阪府堺市堺区新在家町東 1-2-1　T 072-233-1218 http://www.kanbukuro.co.jp
[菊壽堂義信]	大阪府大阪市中央区高麗橋 2-3-1　T & F 06-6231-3814

千代萬代（ちよばんだい）［京都鶴屋］………… 103
千代結び（ちよむすび）［亀屋伊織］……………… 13
月ケ瀬（つきがせ）［京都鶴屋］……………………… 14
月世界（つきせかい）［月世界本舗］……………… 73
椿餅（つばきもち）［とらや］……………………… 20
手まり桜（てまりざくら）［鶴屋八幡］………… 28
濤々（とうとう）［京華堂利保］……………… 88
ときわ木（ときわぎ）［かぎや政秋］………… 10

な
菜種の里（なたねのさと）［三英堂］………… 23
夏衣（なつごろも）［鶴屋吉信］……………… 50
撫子（なでしこ）［亀屋伊織］……………… 66
生じめ（なまじめ）［吉はし］……………… 71
鳴子（なるこ）［亀屋伊織］……………… 85
如意（にょい）［亀屋伊織］……………… 79
糊こぼし（のりこぼし）［萬々堂通則］………… 20

は
袴腰（はかまごし）［川端道喜］……………… 102
萩の露（はぎのつゆ）［鶴屋八幡］……………… 75
初かつを（はつかつを）［美濃忠本店］………… 46
初霜（はつしも）［京都鶴屋］……………… 96
花筏（はないかだ）［さゝま］……………… 29
花氷（はなごおり）［とし田］……………… 11
花見団子（はなみだんご）［塩芳軒］……………… 32
ひしきりこ（ひしきりこ）［林盛堂本店］……… 39
引千切（ひちぎり）［聚洸］……………… 24
ひとひら（ひとひら）［五郎丸屋］……………… 26
雛菓子（ひながし）［京都鶴屋］……………… 25
雛井籠（ひなせいろう）［とらや］……………… 25
風流団喜（ふうりゅうだんき）［末富］………… 73
吹上菊（ふきあげぎく）［鶴屋八幡］……………… 77
蕗の薹（ふきのとう）［藤丸］……………… 37
富貴寄せ（ふきよせ）［末富］……………… 83
冬山（ふゆやま）［塩芳軒］……………… 97
蓬莱山（ほうらいさん）［京都鶴屋］……………… 9
星の雫（ほしのしずく）［松華堂］……………… 59
菩提樹饅頭（ぼだいじゅまんじゅう）［とらや］ 79
法螺貝餅（ほらがいもち）［柏屋光貞］………… 19
本ノ字饅頭（ほんのじまんじゅう）［総本家駿河屋］… 89

ま
舞鶴（まいづる）［森八］……………… 10
交錦（まぜにしき）［嘯月］……………… 77
松葉（まつば）［とし田］……………… 11
まめまめ（まめまめ）［大極殿本舗］………… 37
水（みず）［亀屋伊織］……………… 66
みずのいろ（みずのいろ）［つちや］………… 38
水の面（みずのおも）［嘯月］……………… 57
水牡丹（みずぼたん）［越後屋若狭］………… 45
水羊かん（みずようかん）［越後屋若狭］………… 62
水無月（みなづき）［京華堂利保］……………… 53
都の春（みやこのはる）［とらや］……………… 13
深山つつじ（みやまつつじ）［太市］………… 34
麦代餅（むぎてもち）［中村軒］……………… 87
武蔵野（むさしの）［塩野］……………… 81
藻の花（ものはな）［京都鶴屋］……………… 57

や・ら・わ
八重霞（やえがすみ）［とらや］……………… 29
やきもち（やきもち）［神馬堂］……………… 88
厄払い（やくばらい）［京都鶴屋］……………… 18
山川（やまかわ）［風流堂］……………… 82
山田屋まんじゅう
（やまだやまんじゅう）［山田屋］………… 88
柚形（ゆがた）［とらや］……………… 106
雪餅（ゆきもち）［とらや］……………… 99
ゆりねきんとん（ゆりねきんとん）［樫舎］…… 105
利休饅朧仕立て
（りきゅうまんおぼろしたて）［とらや］………… 22
涼一滴（りょういってき）［紫野源水］………… 63
蠟梅（ろうばい）［鍵善良房］……………… 15
若草（わかくさ）［彩雲堂］……………… 17
若菜（わかな）［吉はし］……………… 17
若菜饅頭（わかなまんじゅう）［花乃舎］………… 9
蕨（わらび）［亀屋伊織］……………… 33
蕨（わらび）［藤丸］……………… 37
蕨餅（わらびもち）［芳光］……………… 33

菓子名一覧（五十音順）［店名］

あ

愛香菓（あいこうか）［金沢うら田］…………… 101
青梅（あおうめ）［京華堂利保］…………………… 48
上り羊羹（あがりようかん）［美濃忠本店］……… 72
秋風（あきかぜ）［聚洸］……………………………… 80
紫陽花（あじさい）［俵屋吉富］…………………… 49
あぶり餅（あぶりもち）［かざりや］……………… 88
天の川（あまのがわ）［川端道喜］………………… 58
嵐山さ久ら餅
（あらしやまさくらもち）［鶴屋壽］……………… 30
粟餅（あわもち）［粟餅所・澤屋］………………… 88
稲穂（いなほ）［塩芳軒］…………………………… 85
亥の子餅（いのこもち）［川端道喜］……………… 94
巌の雫（いわおのしずく）［京華堂利保］………… 54
鶯餅　（うぐいすもち）［出町ふたば］…………… 16
薄衣（うすぎぬ）［京華堂利保］…………………… 50
薄氷（うすごおり）［五郎丸屋］…………………… 26
埋火（うずみび）［招福楼］……………………… 101
打水（うちみず）［とらや］………………………… 56
打吹公園だんご
（うつぶきこうえんだんご）［石谷精華堂］……… 89
雲龍（うんりゅう）［俵屋吉富］…………………… 68
干支煎餅（えとせんべい）［亀屋伊織］…………… 13
御鎌餅（おかまもち）［大黒屋鎌餅本舗］………… 51
落し文（おとしぶみ）［末富］……………………… 48
御豆糖（おまめとう）［鳴海屋］…………………… 89
織姫（おりひめ）［志むら菓子店］………………… 59

か

鏡草（かがみくさ）［とらや］……………………… 67
柏餅（かしわもち）［出町ふたば］………………… 44
からいた（からいた）［水田玉雲堂］……………… 88
唐衣（からごろも）［末富］………………………… 45
甘露竹（かんろたけ）［鍵善良房］………………… 63
菊寿糖（きくじゅとう）［鍵善良房］……………… 93
着せ綿（きせわた）［俵屋吉富］…………………… 77
木守（きまもり）［三友堂］………………………… 84
黄味瓢（きみひょう）［空也］……………………… 95
行者餅（ぎょうじゃもち）［柏屋光貞］…………… 65
京のよすが（きょうのよすが）［亀末廣］………… 98
京氷室（きょうひむろ）［柏屋光貞］……………… 52
空也もなか（くうやもなか）［空也］…………… 104
葛ふくさ（くずふくさ）［菊壽堂義信］…………… 43
葛焼（くずやき）［樫舎］…………………………… 55
栗きんとん（くりきんとん）［川上屋］…………… 87
栗粉餅（くりこもち）［とらや］…………………… 84
くるみ餅（くるみもち）［かん袋］………………… 87
玄冬（げんとう）［塩野］…………………………… 97
香の図（こうのず）［亀屋伊織］…………………… 79
梢の秋（こずえのあき）［とらや］………………… 82
胡蝶（こちょう）［鶴屋吉信］……………………… 40
こぼれ萩（こぼれはぎ）［鶴屋吉信］……………… 74

さ

菜花糖（さいかとう）［大黒屋］…………………… 23
桜（さくら）［藤丸］………………………………… 37
桜麩饅頭（さくらふまんじゅう）［麩嘉］………… 31
さざれ石（さざれいし）［松屋藤兵衛］…………… 43
三段の色紙（さんだんのしきし）［川口屋］……… 24
したたり（したたり）［亀廣永］…………………… 64
しば栗（しばぐり）［川上屋］……………………… 85
霜ばしら（しもばしら）［九重本舗玉澤］………… 96
白藤（しらふじ）［川村屋］………………………… 35
新千歳の緑（しんちとせのみどり）［とらや］…… 47
水仙深山の雪
（すいせんみやまのゆき）［とらや］……………… 54
雀（すずめ）［亀屋伊織］…………………………… 85
西湖（せいこ）［紫野和久傳］……………………… 61
清香殿（せいこうでん）［藤丸］………………… 104
雪中梅（せっちゅうばい）［岬屋］………………… 14
仙家の友（せんかのとも）［とらや］……………… 76
善哉（ぜんざい）［自家製］………………………… 93
そば饅頭（そばまんじゅう）［鶴屋益光］……… 103

た

筍（たけのこ）［藤丸］……………………………… 37
珠玉織姫（たまおりひめ）［松屋藤兵衛］………… 58
玉川の水（たまがわのみず）［鶴屋八幡］………… 34
玉椿（たまつばき）［伊勢屋本店］………………… 21
稚児桜（ちござくら）［亀屋伊織］………………… 33
粽（ちまき）［川端道喜］…………………………… 44
長命寺桜もち
（ちょうめいじさくらもち）［長命寺桜もち］…… 31
千代の糸（ちよのいと）［松華堂］………………… 8

指導 ——— 千 和加子／千 宗屋

撮影協力 ——— 前田昌道／千 宗守／持田勝郎
戸田 博／樋野晶子
長谷川一望斎／長谷川まみ
伊藤千会子／森澤展裕
武者小路千家／放下会
仲宗根宏／柳瀬光沙

撮影 ——— 小宮東男／大見謝星斗
（世界文化社）

装丁・レイアウト ——— 米川リョク

編集 ——— 福井洋子
中野俊一
（世界文化クリエイティブ）

校正 ——— 天川佳代子

お茶を楽しむ

茶席の和菓子帖

発行日 二〇一八年七月一〇日 初版第一刷発行
二〇二〇年五月 五日 第二刷発行

監修 千 和加子

発行者 秋山和輝

発行 株式会社世界文化社
〒一〇二-八一八七
東京都千代田区九段北四-二-二九
電話 〇三-三二六二-五一二四（編集部）
〇三-三二六二-五一一五（販売部）

印刷・製本 株式会社リーブルテック

ISBN978-4-418-18320-3